教育部《全日制义务教育语文课程标准》推荐书目

SEN LIN BAO

森林报

◎[苏]维塔利·瓦连季诺维奇·比安基/著　◎立宾文化/改编

品读经典名著　启迪智慧人生

图书在版编目(CIP)数据

森林报 / (苏) 维・比安基著 ; 立宾文化改编. — 南昌 : 二十一世纪出版社集团, 2018.10
(新课标小学课外阅读丛书)
ISBN 978-7-5568-3774-8

Ⅰ. ①森… Ⅱ. ①维… ②立… Ⅲ. ①森林 – 少儿读物 Ⅳ. ①S7-49

中国版本图书馆 CIP 数据核字(2018)第 219228 号

森林报 [苏]维・比安基/著 立宾文化/改编

出 版 人	张秋林
责任编辑	张 周
特约编辑	黎梦雯
出版发行	二十一世纪出版社集团(江西省南昌市子安路 75 号 330025) www.21cccc.com cc21@163.net
经 销	全国各地新华书店
印 刷	南昌市光华印刷有限公司
版 次	2018 年 10 月第 1 版 2018 年 10 月第 1 次印刷
印 数	1—15,000 册
开 本	720mm × 1000mm 1/16
印 张	10
书 号	ISBN 978-7-5568-3774-8
定 价	20.00 元

赣版权登字—04—2018—369

前言

FOREWORD

书籍是人类进步的阶梯，阅读一本好书，就如同与一位智者对话。一个人对书籍的选择就是精神世界的构筑历程。古人云：“腹有诗书气自华。”现代教育家朱永新也曾说过：“一个人的精神发育史就是他的阅读史。”可见，阅读对人类精神世界的影响之深远，其中，名著阅读尤为重要。

名著，是全世界文化历史的精彩浓缩，是全人类智慧情感的传承依托。它们犹如一棵棵大树，繁茂的枝叶过滤着浮躁、平庸、浑浊的沙尘，深植的根系汲取着深刻、高尚、丰富的精神营养。它们是文化的底蕴库，更是文化的传承者。

然而，当前的阅读教学不容乐观——现代小学生学业重、课程多、时间紧，备感疲累枯燥，加之身处网络信息大爆炸的时代，课余阅读时间不是埋没在教辅试卷里，就是沉迷于网络流行文化中，或功利，或消磨。

对学生来说，阅读不应是一时之需，而是终身奠基；阅读不应是一种要求，而应成为一种习惯；名著阅读更不是附庸风雅，而是把名著中蕴藏的智慧转化为终身受用的文化素养、精神修为。从大处着眼，孩子们通过阅读这些不朽的经典作品，可以感悟真善美，摒弃假恶丑，潜移默化地树立正确而优雅的为人处世观；在为书中精彩故事着迷的同时，领悟人生的苦乐交错，初探人性的复杂多面。从小处入手，孩子们能在愉快的阅读中获取知识，领略大文豪们风采的同时，提升写作技巧。

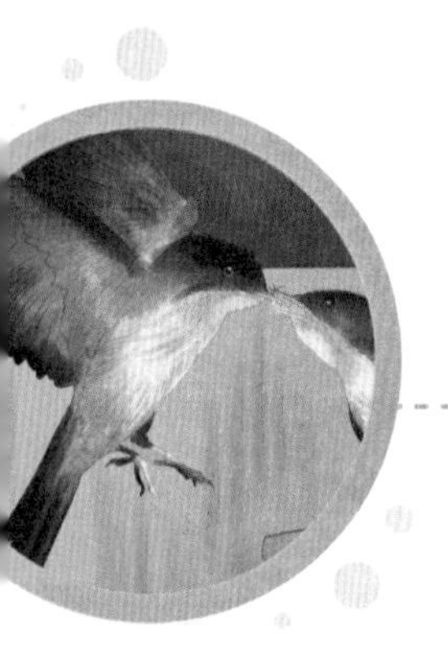

《小学语文新课程标准》中明确要求：学龄孩子应慢慢养成独立阅读的能力，学会运用多种阅读方法；有较为丰富的积累和良好的语感，注重情感体验、发展感受和理解能力。能阅读日常的书报杂志，能初步鉴赏文学作品，丰富自己的精神世界。

鉴于此，我们精心挑选了教育部推荐的世界名著，编纂了这套《新课标小学课外阅读丛书》。丛书采用通俗浅显的文字来叙述，将生涩难懂的文言文改编为浅显通俗的白话文，让孩子们在轻松的阅读中领略中国古代四大名著的魅力；将思维跳跃、语言风格"异化"的外国作品改编得行云流水，贴近中国文化，符合中国儿童的阅读习惯；将寓言、童话、百科各自分类，让孩子在沉迷于故事的美妙之余，感受大自然的美好和生命的珍贵；将历史故事和诗歌、谜语、歇后语等融入丛书之中，让读者在领会文字的奇妙之时，惊叹于中国文化的博大精深……丛书每一章的"章节导读"和"阅读延伸"既提示了故事的发展走向，也点明了故事的深层思想，在引导孩子深入反刍名著的同时，形成长久记忆。此外，本套丛书还加注拼音，辅助低龄孩子自主阅读，另还配有大量的精美插图，力求多方位、多角度地帮助孩子阅读名著、理解名著，提升孩子的文化品位和审美情趣，丰富他们的智慧，滋养他们的心灵。

衷心希望这套丛书能够使孩子们增长知识和智慧，成为孩子们快乐童年中的良师益友！

彩绘注音版

目录

CONTENTS

目录 彩绘注音版 CONTENTS

Chapter 01 | 第一章

惊蛰苏醒月(春季第一月)

※※※ 章节导读 ※※※

三月好,三月妙,冰儿化,积雪消。温暖的阳光驱走了严冬的寒冷,厚厚的积雪开始慢慢地融化,春天展开欢乐的翅膀飞降到人间。我们来看看森林里、田野上、都市中会有什么新鲜事呢?

☆☆☆

雪地里吃奶的娃娃

tián yě li de jī xuě hái méi yǒu róng huà tù mā ma jiù shēng xià
田野里的积雪还没有融化,兔妈妈就生下
le yì wō tù wá wa
了一窝兔娃娃。

tù wá wa yì chū shēng jiù néng zhēng kāi yǎn jing guān kàn shì jiè shēn
兔娃娃一出生就能睁开眼睛观看世界,身
shang hái chuān zhe nuǎn huo de xiǎo pí ǎo tā men yí luò dì jiù huì pǎo
上还穿着暖和的小皮袄。它们一落地就会跑,
zhǐ yào chī bǎo le mā ma de nǎi shuǐ jiù pǎo kāi qù duǒ cáng dào guàn mù
只要吃饱了妈妈的奶水,就跑开去,躲藏到灌木

丛里或是树墩下面，乖乖地趴在地上，不乱叫唤，也不调皮。而这时，它们的妈妈早就不知跑到哪里游玩去了。

一天，两天，三天过去了。兔妈妈在田野里欢蹦乱跳，早就把孩子抛在脑后了。可兔娃娃们还待在原地。幸亏它们没有到处乱跑，否则老鹰和狐狸就会发现它们。

看，终于等到兔妈妈打旁边经过了！不对，这不是它们的妈妈，只是一个陌生的阿姨。饥饿的兔娃娃们跑过去，央求道：“喂喂我们吧！”

“好啊，就吃我的奶水吧！”兔阿姨喂饱它们后，接着往前跑去。兔娃娃们又回到灌木丛里趴着。此刻，它们的妈妈或许正在其他

dì fang wèi bié rén jiā de bǎo bao chī nǎi ne
地方喂别人家的宝宝吃奶呢！

yuán lái tù mā ma zhī jiān yǒu gè yuē dìng sú chéng de guī ju suǒ
原来，兔妈妈之间有个约定俗成的规矩：所
yǒu de tù bǎo bao dōu shì dà jiā de tù bǎo bao bù guǎn zài shén me dì
有的兔宝宝都是大家的兔宝宝。不管在什么地
fang tù mā ma zhǐ yào yù jiàn le tù wá wa dōu huì wèi nǎi gěi tā men
方，兔妈妈只要遇见了兔娃娃，都会喂奶给它们
chī qīn shēng de hé rén jiā de dōu yí yàng duì dài
吃。亲生的和人家的，都一样对待。

nǐ men yǐ wéi shǎo le mā ma de zhào gù tù wá wa men yào chī
你们以为少了妈妈的照顾，兔娃娃们要吃
kǔ tou le ba cuò le tā men shēn shang chuān zhe máo róng róng de pí
苦头了吧？错了，它们身上穿着毛茸茸的皮
ǎo zi nuǎn huo shū fu mā ma hé ā yí de nǎi shuǐ yòu xiāng tián yòu nóng
袄子，暖和舒服，妈妈和阿姨的奶水又香甜又浓
yù zhǐ xiāo chī yí dùn hǎo jǐ tiān dōu bù jué de è
郁，只消吃一顿，好几天都不觉得饿。

zhǐ xū yào bā jiǔ tiān tù wá wa men jiù kě yǐ chī cǎo le
只需要八九天，兔娃娃们就可以吃草了。

春天的妙计

zài sēn lín li xiōng měng de yě shòu cháng huì xí jī wēn xùn de dòng
在森林里，凶猛的野兽常会袭击温驯的动
wù wú lùn hé chù zhǐ yào yì fā xiàn tā men jiù lì kè háo bù liú
物，无论何处，只要一发现它们，就立刻毫不留
qíng de pū shàng qù
情地扑上去。

zài dōng tiān tù zi hé shān chún dōu chuān shàng le bái sè de yī
在冬天，兔子和山鹑都穿上了白色的衣
fu zài bái sè de jī xuě shang bù róng yì bèi fā xiàn kě shì xiàn
服，在白色的积雪上，不容易被发现。可是现
zài jī xuě jiàn jiàn róng huà bù shǎo dì fang lù chū le hēi hū hū de dì
在，积雪渐渐融化，不少地方露出了黑乎乎的地

面。这样一来，那些狼呀，狐狸呀，猫头鹰和鹞鹰啊，甚至像白鼬和伶鼬这样的小型肉食动物，也能从老远的地方发现兔子和山鹑，因为它们的白色皮毛和羽毛在黑色的地面上太显眼了。

于是，白兔、白山鹑等等，就使出了妙计：它们脱下冬季的白毛，换成别的颜色。看，兔子是一身灰色，山鹑则换上了一身褐色和红褐色带条纹的新羽毛。如此乔装打扮，让那些天敌们看得眼花缭乱、难辨真假。

小型肉食动物们也在乔装打扮。冬天里，白鼬和伶鼬是一身雪白色的装束，伶鼬只留着一条黑色的尾巴尖儿。那时候，它们可以神不知鬼不觉地突然出现在温驯、善良的小动物身边，因为白色的皮毛很容易蒙蔽大家的眼睛。现在呢，它们都换上了一身灰色的衣服，伶鼬还是拖着那条黑色尖尖的尾巴，这不要紧。无论是冬装还是春装，只是有个小黑点，不会带来任何麻烦。要知道，冬天里那些干枯的树枝

hé guàn mù bù yě shì hēi hū hū de ma chūn tiān li de dì miàn hé cǎo
和灌木不也是黑乎乎的吗？春天里的地面和草
píng shang hēi sè de dōng xi jiù gèng duō le
坪上，黑色的东西就更多了。

雪崩

sēn lín li fā shēng le jīng xiǎn de xuě bēng
森林里发生了惊险的雪崩。

zài yì kē gāo dà de yún shā shù de shù zhī shang sōng shǔ mā ma
在一棵高大的云杉树的树枝上，松鼠妈妈
zhèng zài wēn xīn de ān lè wō li shuì dà jiào hū rán yí gè chén diàn
正在温馨的安乐窝里睡大觉。忽然，一个沉甸
diàn de xuě tuán cóng shù shāo shang diào xià lái bù piān bù yǐ zhèng hǎo zá
甸的雪团从树梢上掉下来，不偏不倚，正好砸
zài le wō dǐng shang sōng shǔ mā ma yí gè tiào yuè cuān le chū lái
在了窝顶上。松鼠妈妈一个跳跃，蹿了出来。
kě shì tā de nà xiē gāng chū shēng de róu ruò jiāo nèn de xiǎo bǎo bao
可是，它的那些刚出生的柔弱、娇嫩的小宝宝
men hái liú zài nà wēi xiǎn de wō li ne
们，还留在那危险的窝里呢！

sōng shǔ mā ma jí máng bā
松鼠妈妈急忙扒
kāi jī xuě zhēn shì xìng yùn
开积雪，真是幸运，
xuě tuán jǐn jǐn yā zài
雪团仅仅压在
le cū dà shù
了粗大树
zhī dā jiàn de
枝搭建的
wō dǐng shang lǐ miàn yòng
窝顶上，里面用
péng sōng róu ruǎn de tái
蓬松、柔软的苔

藓铺就的小窝，还是完好无损的。小宝宝们竟然还没有醒呢！它们是那么娇小，那么稚嫩，好似小老鼠一般，浑身滑溜溜的，没有一根茸毛，既看不见，也听不见。

拜访阁楼上的居民

我们《森林报》的一位同事，为了了解都市里阁楼上居民们的生活近况，最近几天跑遍了市中心大大小小的住宅。

那些住在阁楼上的小鸟们，对自己的处所还是相当满意的。谁要是怕冷，就可以靠壁炉的烟囱更近一些，享受免费的暖气供应。鸽子妈妈们已经开始孵宝宝了；麻雀和寒鸦也四处忙碌着，寻找

搭建巢穴要用到的干草和做铺窝垫子用的茸毛和羽毛。

唯一让鸟儿们愤愤不平的是，一些调皮的男孩子和猫儿，总是喜欢摧毁它们的巢。

两场关于麻雀的风波

在椋鸟的住所旁，响起一片尖利的喊叫声，乱糟糟的茸毛、羽毛以及稻草，四处飞扬。

原来是主人椋鸟回来了，它们一看自己的巢穴被麻雀给强占了，于是气愤地扑上去，把外来者一一轰了出去。这还不解气，又把麻雀的被褥全部扔了出去，彻底地扫地出门，把窝里清理得一干二净。

有一次，一个水泥工人正站在脚手架上糊屋檐下的裂缝。麻雀妈妈在屋檐上**蹦来蹦去**，仔细查看着四周，发现了屋檐下的情况后，便生气地大叫着，向水泥工人的脸上撞了过去。水泥工人拿着抹泥灰的小铲子左躲右挡。他肯定没想到，他刚才一不留心，把屋檐下的麻雀巢穴给糊上了，里面有麻雀妈妈辛辛苦苦产下的蛋呢！

苍蝇，当心游动杀手

在列宁格勒的街头，出现了一批四处游动的杀手——名叫苍蝇虎的蜘蛛。俗话说：游荡的狼，最可怕。苍蝇虎就是如此，它们不像普通的蜘蛛那样，在角落或树丛间织好大网，守株待兔，而是四处走动，主动出击，一旦发现苍蝇或者其他种类的昆虫，就凶猛地扑上去。

款冬小家庭

小土丘上早就冒出了一簇簇款冬的细茎。每一簇茎，都是一个朝气蓬勃的小家庭。年纪较大的，是那些身材挺拔，高高地仰着小脑袋的茎，年纪较小的，是那些紧紧依偎在高茎身边的，身材短粗，一副傻乎乎的长相的茎。还有一些模样怪逗人的茎，它们斜斜地耷拉着脑袋

瓜，弯下腰来，呵呵，这些刚出生的娃娃还很害羞呢！

每个小家庭都是从地下的一截块根上成长起来的，块根从前一年秋天就开始为这些地上的孩子们储存养料了。现在，随着孩子们一天天长大，养料也在一点点被消耗，不过还够整个开花期的使用。要不了多长时间，每根茎上的小脑袋，都会长成一朵辐射状的黄色小花。严格来说，其实不是花，而是花序，是一大束紧密地挤靠在一起的小花。

花儿慢慢枯萎，块茎上就会渐渐长出叶子来，它们会制造出新的养料，来补充块茎的储备。

来自高加索山区的通报

我们这儿，春天先光临低的地方，然后再去高的地方，从低往高，一步一步驱走寒冷的冬天。

山顶上飘着雪花，山下的谷地里却飘着细雨。溪水奔腾着，第一次春潮来了。河水暴涨，漫过了堤岸。湍急的河流，一路朝着大海奔腾而去，所到之处冲刷一净。

山谷里，花儿盛开，树枝招展。在阳光明媚的南山坡上，成片的绿茵自下往上蔓延开来，青翠欲滴。

fēi qín niè chǐ lèi hé shí cǎo lèi de xiǎo dòng wù men gēn zhe lǜ
飞禽、啮齿类和食草类的小动物们，跟着绿
cǎo shàng pá de jiǎo bù yě xiàng shān dǐng shang màn man qiān xǐ mǔ lù
草上爬的脚步，也向山顶上慢慢迁徙。牡鹿、
pìn lù tù zi yě mián yáng yě shān yáng děng yě dōu jǐn suí qí hòu
牝鹿、兔子、野绵羊、野山羊等也都紧随其后，
qiān wǎng shān shang dà bù duì de zuì hòu gēn zhe de shì láng hú li
迁往山上。大部队的最后，跟着的是狼、狐狸、
sēn lín yě māo shèn zhì hái yǒu rén lèi dōu hài pà de xuě bào
森林野猫，甚至还有人类都害怕的雪豹。

hán dōng bèi bī tuì dào le shān dǐng chūn tiān yí lù jǐn zhuī suǒ
寒冬被逼退到了山顶。春天一路紧追，所
yǒu de shēng wù yě gēn zhe chūn tiān de jiǎo bù shàng shān le
有的生物也跟着春天的脚步上山了。

YUE DU YAN SHEN

原来兔宝宝们并不是固定地只吃妈妈的奶，所有经过的兔妈妈们都会给它们喂奶；一些小动物们一到春天皮毛就换成了“保护色”，颜色和周围的景物差不多，这样敌人就不容易发现自己了；小麻雀为了保护孩子，敢同“巨大”的人类做斗争……记住啊，我们千万不能去捣毁鸟儿们的巢穴了。

Chapter 02 | 第二章

候鸟返乡月(春季第二月)

※※※ 章节导读 ※※※

四月里，积雪融化。四月还没苏醒过来，但四月的风已经带着春意扑面而来，预示着天气的转暖。在这个月，溪水流淌，小鱼出水，鸟儿返乡……还有哪些新鲜事情要发生呢？

☆☆☆

鸟儿返乡大热潮

hòu niǎo rú bēn téng de làng cháo yì bān chéng qún jié duì de cóng guò
候鸟如奔腾的浪潮一般，成群结队地从过
dōng dì chū fā tà shàng fǎn xiāng de zhēng tú tā men pái zhe zhěng qí de
冬地出发，踏上返乡的征途。它们排着整齐的
duì wu zhì xù jǐng rán de fēi xíng
队伍，秩序井然地飞行。

tā men yán gé zūn shǒu zhe jǐ qiān nián jǐ wàn nián jǐ shí wàn nián
它们严格遵守着几千年，几万年，几十万年
lái zǔ bèi men xíng chéng de lǎo guī ju yì rú jì wǎng de yán
来祖辈们形成的老规矩，一如既往地沿
zhe qù nián jīng guò de háng xiàn fǎn huí gù xiāng
着去年经过的航线，返回故乡。

zuì zǎo dòng shēn de shì qù nián zuì wǎn lí kāi wǒ men zhè lǐ
最早动身的，是去年最晚离开我们这里
de niǎo zuì wǎn qǐ chéng de shì qù nián qiū tiān zuì
的鸟。最晚启程的，是去年秋天最
zǎo lí kāi wǒ men zhè lǐ de niǎo
早离开我们这里的鸟。

最后一批返回这里的，是那种羽毛鲜艳华丽的鸟儿，在这里变得花红草绿之后，才能到达。如果回来早了，它们在光秃秃的地面和树丛中，显得太惹眼，很容易被野兽和猛禽发现。我们这里，还没有东西为它们提供掩护。

我们列宁格勒省的上空，是候鸟们长途跋涉的必经之地，这条路线就叫作“波罗的海”航线。

这条海上航空线，起点是昏暗阴沉的北冰洋，终点是枝繁叶茂、艳阳高照的热带地区。一群一群在海上和海滨过冬的鸟儿，按照自己既定的日程，排着自己独特的队形，一批又一批地

陆续启程。它们沿着非洲海岸线前进，穿越地中海，途经比里牛斯半岛和比斯开湾海岸，越过一条条海峡和北海、波罗的海。

一路上，它们会遭遇无数的困难和挑战。

有时，在它们眼前会突然出现墙壁一样的浓雾。它们在昏黑的湿气里迷了路，费尽力气左冲右突，撞在坚硬而锋利的岩石上的，就会落得个粉身碎骨的下场。

有时，海上骤然刮起暴风雨，扯下它们的羽毛，打烂它们的翅膀，还把它们卷入海中。

有时，骤然的大降温会使海水结冰，有些鸟就在饥寒交迫中死在半路上了。

还有千千万万只鸟儿葬身猛禽之腹，每年的这个时期，雕、鹰和鹞等贪婪的猛禽，

jiù huì shǒu hòu zài zhè tiáo háng xiàn shan bú fèi chuī huī zhī lì děng zhe měi
就会守候在这条航线上，**不费吹灰之力**，等着美
shí shàng mén
食上门。

lìng wài hái yǒu dà pī hòu niǎo sǐ zài le liè rén de qiāng kǒu xià
另外，还有大批候鸟死在了猎人的枪口下。

dàn shì rèn hé dōng xi yě zǔ dǎng bù liǎo fēi xíng zú mì mi má
但是，任何东西也阻挡不了飞行族**密密麻**
má de duì wu tā men chuān yún pò wù chōng pò chóng chóng zhàng ài xiàng
麻的队伍。它们穿云破雾，冲破重重障碍，向
zhe gù xiāng de fāng xiàng qián jìn qián jìn
着故乡的方向，前进，前进！

wǒ men zhè lǐ de hòu niǎo bú shì dōu zài fēi zhōu guò dōng yě bù
我们这里的候鸟，不是都在非洲过冬，也不
dōu shì yán zhe bō luó dì hǎi háng xiàn fēi xíng tā men yǒu de cóng yìn
都是沿着“波罗的海”航线飞行。它们有的从印
dù chū fā yǒu de cóng gèng yáo yuǎn de měi zhōu chū fā bǐ rú biǎn zuǐ
度出发，有的从更遥远的美洲出发，比如扁嘴
qí yù tā men xíng sè cōng cōng héng chuān zhěng gè yà zhōu dà lù cóng
鳍鹬。它们行色匆匆，横穿整个亚洲大陆，从
guò dōng dì dào ā ěr hàn gé ěr sī kè fù jìn de jiā xiāng qí jiān xiāng
过冬地到阿尔汉格尔斯克附近的家乡，其间相
jù gōng lǐ hào shí liǎng gè duō yuè
距1500公里，耗时两个多月。

昆虫欢度佳节

liǔ shù kāi huā le nà xiē qīng yíng jīng zhì de xiān huáng sè xiǎo
柳树开花了。那些轻盈、精致的鲜黄色小
yuán qiú pá mǎn le liǔ shù nà gē ge dā dā de huī lǜ sè zhī tiáo
圆球，爬满了柳树那疙疙瘩瘩的灰绿色枝条。
zhěng kē liǔ shù kàn qǐ lái máo róng róng qīng piāo piāo de yí pài zhāo qì
整棵柳树看起来毛茸茸、轻飘飘的，一派朝气
péng bó de yàng zi
蓬勃的样子。

柳树开花了，这成了昆虫的盛大节日。盛装的柳树周围，一片热闹欢腾的景象，犹如节日的氛围。丸花蜂嗡嗡嗡地上下翻飞；傻头傻脑的苍蝇没有目标地左冲右撞；勤劳能干的小蜜蜂拨动着一根根纤细的雄蕊，采集花粉。

蝴蝶飞过来飞过去。看，这只有雕花图案的黄色蝴蝶，是柠檬蝶；那只鼓着大眼睛的棕红色蝴蝶，是荨麻蛱蝶。

哈哈，这里还有一只长吻蛱蝶呢！它落在柳树一颗毛茸茸的小黄球上，用它那暗灰色的翅膀盖住小黄球，把吸管伸进雄蕊深处找花蜜。

在这簇明媚鲜艳、生机盎然的柳树丛旁，还有一簇同样在开花的柳树。可它们的花儿完全是另一个样子，甚至有点难看，是些灰绿色的小毛球。小毛球周围也飞着昆虫，但远远没有邻居那样热闹。其实，这棵柳树正在结籽呢！此前，昆虫们已经把小黄球上黏糊糊的花粉带到了灰绿色的小毛球上。不多久，每一个瓶子般

细长的雌蕊里，都会结出种子来。

池塘里

池塘醒来了，呈现出生机勃勃的景象。青蛙离开了淤泥里的安乐窝，产完卵就跳上了岸。

蝾螈却正好相反，它是从岸上返回池塘里。橙黑色的它拖着一条大尾巴，不大像青蛙，反倒像蜥蜴。一到冬天，它们就从池塘里爬出来，爬到森林里，躲在温暖潮湿的苔藓堆里睡大觉。

癞蛤蟆也醒来了，也产下卵。但和青蛙的卵又不相同。它们的卵有一条细带子相连，连成一串串的，附着在池塘里的水草上。而青蛙的卵像一团团凝胶浮在水里，上面有很多小泡泡，每个小泡泡里都有个圆圆的小黑点。

罕见的小动物

森林里，一只啄木鸟突然发出刺耳的尖叫。那声音实在太大了，我一听就知道，那只啄木鸟遇到大麻烦了。

我穿过丛林，看到林中空地上的一棵枯树，上面有一个形状规则的洞，那是啄木鸟的巢。一只罕见的小动物，正沿着树干向那个巢爬过去。我看不出来它到底是个什么，一身灰色的

茸毛，一根稀疏的短尾巴，小耳朵圆圆的，跟小熊的一样，眼睛却像猛禽似的又大又凸。

这小动物爬到了洞口，向里面探头探脑的，想抢鸟蛋吃……啄木鸟拼命地向它发起攻击。小动物向树干后面一闪，啄木鸟紧追不舍，小动物绕着树干转圈圈，啄木鸟也绕着树干转圈圈。

小家伙越转越高，无路可逃了——到了树梢了！啄木鸟狠狠地啄了它一下，小动物从树顶上纵身一跃，像滑翔机似的飞了起来。

它的四个小爪子舒展开来，像秋天的枫叶一样，在空中飘舞，身体两侧均匀地摆动着，转动的小尾巴掌控着方向。它轻飘飘地越过草地，降落在一根树枝上。

我恍然大悟，它不就是那种会飞的鼯鼠吗？两肋长有皮膜，伸展四腿，张开皮膜，就可以自由地飞翔，它可是森林里闻名遐迩的跳伞健将呢！不过，这种小动物太稀少了。

尼·斯拉德科夫

春潮涌动

春姑娘给森林里的小动物们制造了不少麻烦。积雪融化得太快，河水泛滥，漫过了堤岸，不少地方成了一片汪洋。

我们收到了各个地方报来的受灾情况。受灾最严重的要数兔子、鼹鼠、野鼠、田鼠和其他居住在地面或地下的小动物。雪水“呼啦”一下灌满了它们的洞穴，它们只好匆匆地逃出安乐窝。

每只小动物都在竭尽全力进行自救。小个子的鼩鼱钻出巢穴，爬上较高的灌木，等待洪水退却。饥肠辘辘的它，一副可怜虫的样子。

大水漫上堤岸的时候，鼹鼠差一点被闷死在地下。它从地洞里钻出来，浮上水面，去寻找干燥的新家。鼹鼠是出了名的游泳高手，它游出好几十米，才爬上了岸。终于可以松口气了，它那油光闪亮的皮毛，居然躲过了猛禽的眼睛，真是万幸啊！它一到岸上，就找了个洞穴，

“刺溜”一下钻进去了。

兔子上树

兔子有过这样一次经历。

有一只兔子，住在一条大河中间的小岛上。夜里，它溜出来啃吃小白杨的树皮；白天，它便藏在灌木丛里，以免被狐狸或猎人发现。

这只兔子年纪还很小，脑子也不太聪明。

有一天，河水把浮冰噼里啪啦地冲到了小岛的四周。可兔子竟然没有察觉。它一如往常地在灌木丛下的安乐窝里“呼哧呼哧”睡大觉。暖暖的阳光晒得它好舒服啊！它一点都没注意到河水在快速上涨。直到感觉身下的皮毛湿了，它才

清醒过来。这时，四周已经是一片汪洋了。

这时候，水只漫过脚背，兔子奔向小岛中间，那里还有块干地。然而，河水涨得好快啊，小岛变得越来越小。兔子四处乱窜，想找一片干燥的地方，可是河水快要漫过整个小岛了。这可怎么办呢？小兔子可没有胆量往冰冷湍急的河水里跳，水势这么凶猛，它哪里能游到岸上呢！它就这么焦灼地等待着，过了一天一夜。

第二天早上，小岛只剩下一小块地方露出水面，那儿长着一棵大树，粗壮的树干上长满了节疤。失魂落魄的兔子只晓得绕着树干乱转。

第三天，河水已经涨到树根那里了，小兔子拼命往树上蹦。可是，蹦一下，掉水里了，再蹦

yí xià yòu diào shuǐ li le hǎo bù róng yì tā cái bèng dào le zuì dī
一下，又掉水里了。好不容易，它才蹦到了最低
de yì gēn cū zhī shang tù zi jiù zài zhè lǐ nài xīn de děng dài dà shuǐ
的一根粗枝上。兔子就在这里耐心地等待大水
tuì què zhè shí hou hé shuǐ yǐ jīng bú zài shàng zhǎng le
退却。这时候，河水已经不再上涨了。

tā dào bù dān xīn zì jǐ de wēn bǎo wèn tí dà shù de pí suī
它倒不担心自己的温饱问题，大树的皮虽
rán yòu yìng yòu kǔ zǒng suàn hái néng hú kǒu zuì hài pà de shì yí zhèn
然又硬又苦，总算还能糊口。最害怕的是一阵
zhèn kuáng fēng bǎ shù chuī de dōng yáo xī huàng tù zi kuài yào zhī chēng bú
阵狂风，把树吹得东摇西晃，兔子快要支撑不
zhù le tā jiù xiàng yí gè pā zài chuán wéi shang de shuǐ shǒu shēn xià de
住了。它就像一个趴在船桅上的水手，身下的
zhī chà hǎo bǐ jù liè huàng dòng de chuán wéi ér xià miàn jiù hǎo xiàng bō tāo
枝杈好比剧烈晃动的船桅，而下面就好像波涛
xiōng yǒng shēn bú jiàn dǐ de dà hǎi
汹涌、深不见底的大海。

kuān kuò de hé miàn shang bù shí de piāo guò lái zhěng kē de dà shù
宽阔的河面上，不时地漂过来整棵的大树、
cháng cháng de mù tou duàn liè de shù zhī zá luàn de dào cǎo hái yǒu
长长的木头、断裂的树枝、杂乱的稻草，还有
dòng wù de shī tǐ děng dào yì zhī sǐ tù zi zài shuǐ miàn shang qǐ fú bú
动物的尸体。等到一只死兔子在水面上起伏不
dìng huàng huang yōu yōu de cóng xiǎo tù zi shēn biān jīng guò shí zhè kě lián
定、晃晃悠悠地从小兔子身边经过时，这可怜

虫害怕得浑身直哆嗦。那只死兔子的脚被一根枯树枝挂住了，就这么肚皮朝上，四肢僵硬地随着树枝一起漂流。

小兔子在树上待了三天，终于等到大水退却，才跳到地上。

就这样，它被困在了这个小岛上，只能等到炎热的夏天，水位下降，露出浅滩时，才能逃到岸上去。

搭船的松鼠

在春水泛滥的草地上，一个渔民布好了口袋形状的网捕捉鳊鱼。他划着小船，穿过一丛丛露出水面的灌木，在水中慢慢前行。

他发现，在一棵灌木上长着一簇奇形怪状的浅黄色蘑菇。奇怪的是，“蘑菇”一下子跳了起来，落到了渔民的小船里。“蘑菇”一落到船上，就变成了一只湿漉漉的松鼠，浑身乱蓬蓬的。

渔民把小船划到岸边，松鼠马上跳了出去，

几下就钻进了树林里。天知道，这可怜的小家伙怎么被困到了水中的灌木丛上，又在那里滞留了多久。

江河湖泊里

小河里漂满了密密麻麻的原木，人们开始利用水道来运输冬天里砍下的木材。在小河汇入江河与湖泊的地方，放筏工人筑起一道水坝，挡住入口，把拦截下的原木绑成木筏，再继续向前漂流。冬天，伐木工人在我们这偏远的森林里砍伐木材。到了春天，就把它们推入小河里。这样一来，原木就沿着大大小小的水道开始了旅行。有时，躲藏在树干里的木蠹蛾，就跟随着一起来到了城市里。

放筏工人经常能碰上各种趣事。

有一只松鼠，悠闲地坐在林中小河边的一个树桩上，前爪捧着一个大松果啃着。忽然，树林里蹿出一只大狗，大叫着向它扑了过去。松鼠本来是想逃到树上去的，可当时旁边一棵树也没有。松鼠急忙丢掉松果，把蓬松的大尾巴翘到背上，蹦跳着向小河边奔去。大狗在后面紧追。

当时，河面上正漂过一排排原木，松鼠跳上距离最近的一根，然后跳上第二根、第三根。大狗傻乎乎地也跟着跳了上来，可是它的腿又

长又僵硬，怎么能在圆滚滚的木材上跳呢？圆木头在水面上转了起来，大狗的后腿和前腿相继打滑，“扑通”一下掉进了河里。一排排的原木接连不断地漂过来，转眼间，狗就不见了踪影。

那动作灵巧的小松鼠，早就轻松地越过一根根原木，逃到对岸去了。

还有一个工人，看见一只棕色的小动物，和两只猫一样大。它趴在一根单独漂浮的原木上，嘴巴里还叼着一条大鳊鱼。这是一只水獭。

农家生活

积雪刚刚消融，村民们就驾驶着拖拉机到农田去了。拖拉机可以用来耕地和耙地，如果装上大钢爪，还能铲除树根，开垦荒地。

一群黑里透蓝的秃鼻乌鸦飞来了，它们大模大样地踱着方步跟在拖拉机的屁股后面；灰突突的乌鸦和白色腰身的喜鹊，也在稍远一些的田垄上蹦蹦跳跳。犁和耙把藏在泥土里的各色虫子以及它们的幼虫都翻了出来，这是小鸟们最好的点心。

农田已经耕好了，耙平整了，拖拉机拖着播种机上场了。播种机把事先挑选好的种子均匀地撒进一行行田垄里。

我们这里最先播种的是亚麻，然后是比较娇嫩的春小麦，最后是燕麦和大麦，这些都属于春播作物。那些秋播作物，比如黑麦和冬小麦，现在已经长得有几厘米高了。它们是去年秋天播种的，盖着厚厚的雪被睡了一个冬天，现在正鼓足了劲头长个子呢！

黎明和黄昏时分，经常能听到附近的树丛里传来“叽叽吱吱”的声音，好像是不够结实的木板车**扭扭歪歪**地经过，又像是一只大个子蟋蟀在欢唱。其实呢，既不是木板车，也不是蟋蟀，而是美丽的田公鸡——灰山鹑在叫唤。

它全身灰色，**点缀**着白色斑点，两颊和颈部是艳丽的橘黄色，淡黄的腿脚，鲜红的眉毛。它的妻子正在绿荫里忙着搭建新家呢！

草地上的嫩草，青翠欲滴。一大早，牧民们就把成群的牛羊赶到草地上，此起彼伏的叫唤声，把沉浸在美梦中的孩子们都吵醒了。

我们经常可以看见一些不同寻常的“骑士”，站在牛背和马背上，它们是寒鸦和秃鼻乌鸦。牛晃晃悠悠地走着，背上长翅膀的骑士“笃——笃——笃”地啄个不停。牛本来是可以挥挥长尾巴，像撵苍蝇那样把它们赶走的。但是，牛儿忍受着，没有这么做。这是为什么？

原因很简单：这些小骑士长得很小巧，根本感觉不到什么重量，而且它们对牛马有益处。原来，寒鸦和秃鼻乌鸦是在啄藏在牛马皮毛中的蝇蛹和它们的幼虫，还有那附着在皮肤伤口上的苍蝇卵。

毛茸茸、肥嘟嘟的丸毛蜂最先醒来，四处“嗡嗡嗡”地叫着；亮晶晶的细腰黄蜂也跟着钻出了窝；小蜜蜂也该上场了。人们把蜂房从过冬的地窖和藏蜂室搬出来，在养蜂场上安顿好。扑闪着金黄色翅膀的小蜜蜂，爬出蜂房，晒了会儿太阳，等到身体晒暖和了，就伸展翅膀飞走了。它们要去采集蜂蜜了，今天是它们的第一个工作日。

街道上空的生活

每到夜晚，蝙蝠就开始集体袭击城市的郊区。它们毫不在意来来往往的行人，专心致志地追踪和捕捉着空中的苍蝇和蚊虫。

燕子也陆陆续续地飞来了。我们这里一共有三种燕子：一种是家燕，它们长着开衩的尾巴，脖子上喉咙部位有一个鲜红色的斑点；一种

shì duǎn wěi ba bái bó zi de
是短尾巴、白脖子的

jīn yāo yàn hái yǒu yì zhǒng shì
金腰燕；还有一种是

gè tóu xiǎo qiǎo de huī shā yàn
个头小巧的灰沙燕，

yì shēn huī hè sè de yǔ máo
一身灰褐色的羽毛，

xiōng pú què shì liàng bái sè
胸脯却是亮白色。

jiā yàn xǐ huan bǎ wō
家燕喜欢把窝

ān zhì zài chéng shì jiāo qū de mù fáng
安置在城市郊区的木房

zi shang jīn yāo yàn de wō duō jiàn zài shí tou fáng zi shang ér huī shā yàn
子上；金腰燕的窝多建在石头房子上；而灰沙燕

ne hé tā men de chú niǎo zhù zài xuán yá shang de yán dòng li
呢，和它们的雏鸟住在悬崖上的岩洞里。

zuì hòu shān shān lái chí de shì yǔ yàn yǔ yàn hé qí tā yàn zi
最后姗姗来迟的是雨燕。雨燕和其他燕子

yǒu hěn dà bù tóng tā xǐ huan zài wū dǐng shang pán xuán fēi xiáng hái bù
有很大不同，它喜欢在屋顶上盘旋飞翔，还不

shí de fā chū cì ěr de jiān jiào shēng tā men hún shēn zhǎng zhe wū hēi
时地发出刺耳的尖叫声。它们浑身长着乌黑

yóu liàng de yǔ máo chì bǎng bú shì pǔ tōng yàn zi nà yàng de jiān jiǎo xíng
油亮的羽毛，翅膀不是普通燕子那样的尖角形

zhuàng ér shì shǎo jiàn de bàn yuán xíng hěn xiàng yì bǎ lián dāo
状，而是少见的半圆形，很像一把镰刀。

原来，鸟儿在返乡途中会历经艰险，甚至冒着生命危险；而兔子在生命受到威胁时居然能爬树，还在摇摇摆摆的树上待了三天；可爱的松鼠居然在漂浮不定的木排上摆脱了大狗的追捕……生命的潜能是多么巨大！

Chapter 03 | 第三章

载歌载舞月(春季第三月)

※※※ 章节导读 ※※※

五月来了，大家尽情欢畅、游玩吧！从这个月开始，春天要细致地完成她的第三件任务：为林木换上绿装。载歌载舞月——这是森林里最欢快的一个月，它已拉开了序幕……

☆☆☆

森林乐队

五月里，夜莺亮出了歌喉。它的歌声日夜不停，时而尖利，时而婉转。

孩子们觉得很纳闷，这些一刻不停的小鸟什么时候休息呢？原来，鸟儿在春季是没时间睡长觉的，只能忙里偷闲地睡上一小会儿。在半夜或中午的唱歌间歇中，打一个小盹儿。

黎明和黄昏时分，是森林乐队集中演奏的时间，大家拿出各自的乐器，演奏最拿手的曲调，展示各自的才华。有的在独唱，有的在拉小

提琴，有的在敲打小鼓，有的在吹奏长笛；喊吠声、嚎声、咳嗽声、呻吟声，声声不息；吱吱声、嗡嗡声、呱呱声、咕嘟声，声声入耳。歌声清脆、纯净又婉转的是燕雀、夜莺和鸫鸟。吱吱嘎嘎地拉着小提琴的是甲虫和蚱蜢。擅长打击乐的是啄木鸟。尖声尖气地吹着笛子的是小巧的黄鸟和白眉鸫。唱小调的是狐狸和白山鹑。浅吟的是牝鹿。吼叫的是狼。哼唱的是猫头鹰。嗡嗡低唱的是丸花蜂和蜜蜂。不停地改变曲调的是青蛙，一会儿是咕噜咕噜，一会儿是呱呱呱。即使那些五音不全的动物也毫不害羞，一个个弹奏

着它们喜欢的乐器。

啄木鸟挑选的是能发出响亮声音的枯树枝，这就是它们的小鼓，而那坚硬的嘴巴就是现成的鼓槌。天牛的脖子扭来扭去，发出“嘎吱嘎吱”的响声，这不就是一把小提琴吗？蚱蜢的爪子上有小钩子，翅膀上有锯齿，用爪子挠翅膀，一样能演奏乐曲。火红色的麻鳽把细长的嘴巴伸进水里，使劲儿一吹，整个湖面都会响起“布噜布噜”的喧嚣声，好像牛群的吼叫。

沙锥更是与众不同，竟然能用尾巴唱歌。它冲入高高的云霄后，张开尾巴，一头俯冲下来。尾巴上的羽毛与风摩擦，发出“咩咩”的声音，活像一只在森林上空欢叫的小羊羔。

这就是五花八门的森林乐队！

田野里的对话

我和一个小伙伴一起到田里去除草，一路上默默地走着，突然，草丛里传来一只鹌鹑的

喊叫："去除草！去除草！去除草！"我回答它："我们正是要去除草啊！"可它还是一个劲儿地瞎嚷嚷着："去除草！去除草！"

我们经过一个池塘的时候，两只可爱的小青蛙探出脑袋，鼓起耳后的鼓膜，互相戏耍着。一只喊："傻瓜！傻瓜！"那一只回击道："你才傻！你才傻！"

走到田边，我们受到了田凫的热烈欢迎。它们飞到我们头顶上方，呼扇着翅膀问道："你们是谁？是谁？"我们回答："是从古拉斯诺雅尔斯克村来的。"

《森林报》通讯员　库罗奇金

兰花

这种奇特而有趣的花，在我们北方比较少见。你看见它的时候，不由得会想起它那远近闻名的亲戚——生长在热带雨林里的奇兰。奇兰是长在树上的，而我们这里的兰花只长在地上。

最近，在罗普萨，我第一次看见一种兰花中的精品。这种我从来没有见过的花，开着五朵艳丽的大花。我随手翻看着其中一朵，发现一只红褐色的怪苍蝇落在上面，不由得厌恶地缩回了手。我拿麦穗赶它，它却一点反应都没有。我低下头仔细再看，原来那不是苍蝇。这个东西的身子像天鹅绒一般光滑，点缀着浅蓝色的斑点，有毛茸茸的短翅膀，有脑袋，还有一对细长的触须——无论外表如何相似，它都不是苍蝇。后来我才知道，其实这是兰花株体的一部分，这种花就叫作蝇头兰。

奇怪的甲虫

我发现了一只奇怪的甲虫，但不知道它叫什么名字，更不清楚它该吃什么。

它长得很像瓢虫，但瓢虫是红色的，上面有白色的斑点，而这只甲虫却是通体乌黑乌黑的。它圆滚滚的，个头比豌豆粒大了一点，有六条腿，会飞。背上长着一对又黑又硬的翅膀，下面还有一双黄色的软复翅。它张开硬翅膀，展开软翅，就呼呼地飞起来了。

有趣的是，一旦遇到了什么危险，它就把小爪子藏到肚皮底下，把触须和脑袋缩回身子里。这时，你肯定不会认为它是一只甲虫，因为它很像一粒黑色的水果糖。不过，只要没人理它，过不了一会儿，它就会先伸出六条小腿儿，再伸出小脑袋瓜，最后伸出触须来。

我恳切地希望你们能够告诉我，这是一只什么样的甲虫。

柳托尼娃(12岁)

【编辑部的回复】

你把小甲虫描述得非常详细，我们可以马上判断出它是什么甲虫。它是阎魔虫，也叫小龟虫，因为它爬行缓慢，像乌龟一样，而且还能像乌龟那样把脑袋和四肢躲藏进壳里去。它的甲壳足够深，完全可以容纳下头、脚以及触须。

阎魔虫种类繁多，有黑色的，也有其他颜色的。它们都喜欢以腐烂的植物和动物的粪便为食。

有一种浑身毛茸茸的黄色阎魔虫，居住在蚂蚁窝里。它们在户外自由自在地飞翔够了，就会返回蚂蚁窝，与蚂蚁和谐相处。蚂蚁不仅不会侵扰它们，而且在保护巢穴的同时，也会尽心地保护这些房客，不让它们受到敌人的伤害。

燕子窝

摘自自然科学研究小组成员的日记

5月28日

我房间的窗户，恰好对着邻居家的小房子，那里的屋檐下，一对燕子正在搭窝。我好兴奋啊，因为我有机会亲眼观察到，从开始到完工，燕子是如何精心地建造新窝的。而且可以详细得知，它们什么时间开始孵蛋，怎样喂养后代。

我细心地观察着这对燕子，看它们去哪里寻找做窝的材料。原来是从小河边找来的。它们落到河边的淤泥边上，用嘴巴啄一小块儿淤泥，然后迅速返回屋檐下。

它们轮流换班，密切配合，一点一点地把泥巴粘在屋檐下的墙壁上。

5月29日

糟糕！对这个建筑工程极大关注的，不仅是我一个人，还有隔壁一只不怀好意的大雄猫，它今天一大早就爬上了房顶。这个大家伙，是个野蛮的流浪汉，因为和别的猫打架，所以身上的毛凌乱不堪，右边的眼睛也瞎掉了。它老是紧盯着飞来飞去的燕子，不时地看看屋檐下的新窝做好了没有。

燕子夫妇发现了这一敌情，发出惊慌的叫唤。只要大猫待在那里，它们就停下工来。难

dào yàn zi fū fù dǎ suàn lí kāi zhè lǐ zài yě bù lái le ma
道燕子夫妇打算离开这里，再也不来了吗？

6月3日

zhè jǐ tiān yàn zi fū fù yǐ jīng zuò hǎo le lián dāo xíng zhuàng de
这几天，燕子夫妇已经做好了镰刀形状的
dǐ zuò kě dà xióng māo shí cháng pá shàng wū dǐng xià hu tā men zǔ náo
底座。可大雄猫时常爬上屋顶吓唬它们，阻挠
tā men de gōng zuò jīn tiān wǔ hòu yàn zi jiù zài yě méi yǒu lòu miàn
它们的工作。今天午后，燕子就再也没有露面，
kàn lái tā men shì dǎ suàn fàng qì zhè ge bàn jié zi gōng chéng lìng zhǎo yí
看来它们是打算放弃这个半截子工程，另找一
gè ān quán de dì fang zuò wō le rú guǒ nà yàng de huà wǒ de guān
个安全的地方做窝了。如果那样的话，我的观
chá jì huà jiù chè dǐ pào tāng le
察计划就彻底泡汤了。

zhè zhēn shì ràng rén nǎo huǒ a
这真是让人恼火啊！

6月19日

zhè jǐ tiān tiān qì yì zhí dōu hěn mēn rè wū yán xià miàn nà
这几天，天气一直都很闷热。屋檐下面那
ge yòng hēi sè yū ní zuò chéng de lián dāo xíng de dǐ zuò yǐ jīng gān tòu
个用黑色淤泥做成的镰刀形的底座已经干透
le yán sè biàn chéng le huī sè kě shì yàn zi fū fù yí cì dōu méi
了，颜色变成了灰色。可是燕子夫妇一次都没
lòu miàn jīn tiān wū yún mì bù bù yí huì er biàn xià qǐ le dà yǔ
露面。今天乌云密布，不一会儿便下起了大雨。
zhè shì zhēn zhèng de qīng pén dà yǔ chuāng wài hǎo xiàng guà le yì pái bō li
这是真正的倾盆大雨，窗外好像挂了一排玻璃
zuò chéng de lián zi yǔ shuǐ xiàng xiǎo xī yì bān zài dà jiē xiǎo xiàng liú
做成的帘子。雨水像小溪一般在大街小巷流
tǎng hé shuǐ fàn làn huā lā huā lā liú de hěn měng yán àn de
淌，河水泛滥，“哗啦哗啦”流得很猛。沿岸的
xī ní yǐ jīng kě yǐ yān mò zhì xī gài chù le wú lùn cóng nǎ yí duàn
稀泥已经可以淹没至膝盖处了。无论从哪一段

蹚水过河，都是不可能了。

大雨一直到黄昏时才停。屋檐下飞来一只燕子，落到那个镰刀形的底座上，紧贴墙壁站了一会儿，又飞走了。

我心里想：或许，燕子不是被大猫给吓跑的，只是由于这几天找不到做窝的淤泥，才暂时停工的。它们可能过几天就又回来了吧！

6月20日

燕子飞回来了！而且不止原来的一对，是一大群呢！它们在屋顶上盘旋着，不时地向屋檐下张望，“叽叽喳喳”激动地叫着，像正在热烈地讨论什么事情呢。

它们商讨了十几分钟之后，都飞走了，其中一只留了下来。这只燕子用小爪子钩住那镰刀形的底座，用嘴巴修理着，也可能是在用自己吐出的黏稠唾液加工、巩固底座呢。

我认定，这只雌燕子肯定就是这个窝的女主人。过了一会儿，雄燕子飞回来，嘴对嘴地递给妻子一小块泥巴。妻子便继续做窝，丈夫又飞出去寻找淤泥了。

大雄猫又爬上了屋顶。但这一次，燕子毫不在意，理都不理它，只顾自己干活，一直做到傍晚时分。

看来这次，我总算可以亲眼目睹一个燕子窝搭建的全部过程了。但愿大雄猫的脚爪伤害不到它们。不过，燕子应该清楚新窝搭建在什么位置会比较安全。

《森林报》通讯员　维利卡

斑鹟的窝

五月中旬的一天傍晚，八点钟左右，我发现花园里飞来了一对斑鹟。它们落在一棵白桦树旁边的小屋顶上，白桦树上挂着一个我自己制作的树洞形鸟窝，还配了一个活动盖儿。后来，雄斑鹟鸟飞走了，雌鸟留下来，它站在鸟窝上，但没有钻进去。

过了两天，我看见雄斑鹟回来了。它钻进鸟窝里看了一番，又飞出来，停在苹果树枝上。又飞来一只郎鹟，它们便开始了大战。战争的原因很简单：郎鹟企图霸占斑鹟的窝，斑鹟誓死保卫自己的家，丝毫不示弱。

最终，斑鹟夫妇住进了树洞形的鸟窝里。雄斑鹟欢快地唱着歌，在鸟窝里钻进钻出的。

又飞来一对燕雀夫妇，停落在白桦树梢上，但斑鹟对此毫无反应。原因也很简单：燕雀并不是斑鹟的死对头，燕雀喜欢自己搭建新窝，不

喜欢住在树洞里；而且，这两种小鸟的生活习性也不一样，喜欢的食物大不相同。

又过了两天，一个早上，一只麻雀闯进了斑鹟的家。雄斑鹟向它扑了过去，两只小鸟在窝里展开了一场恶战。过了一会儿，窝里突然没有了一丝动静。

我跑到白桦树前，拿起木棍敲了敲树干。麻雀从鸟窝里钻了出来，飞走了。雄斑鹟却没有露面。雌斑鹟绕着鸟窝焦躁地飞舞着，凄惨地鸣叫着。我很担心，不知道雄斑鹟是不是被麻雀给啄死了，于是往鸟窝里望了望。雄斑鹟并没有死，但被折磨得不成样子了，窝里还有两颗蛋。

雄斑鹟在窝里待了好久才出来，看上去虚弱无力，狼狈不堪，刚落到地上就遭到几只母鸡的追击。我担心它再遭劫难，就把它带回屋里，捉苍蝇喂它吃。晚上又把它送回了鸟窝。

七天后，我又去探望鸟窝，一股腐烂的气息

扑鼻而来。我发现，雌斑鹟正在窝里孵蛋，而雄斑鹟躺在雌鸟身边，紧靠在鸟窝的墙壁上，已经死了。我无法判断，它是遭受了麻雀的第二次袭击，还是在第一次重伤之后就死去了。当我把雄鸟从鸟窝里清理出去时，雌鸟并没有惊慌地离去。最后，它到底把小斑鹟孵化了出来。

欧鼹

有些人以为，欧鼹和那些居住在地下洞穴里的老鼠一样，都属于啮齿类动物，专门在地下胡乱挖洞，啃咬各种植物的根茎。其实，这可是大大冤枉了欧鼹。它根本不属于鼠类，倒更像是身穿天鹅绒般柔软光滑的皮大衣的刺猬。欧鼹喜欢吃昆虫，比如金龟子和其他很多种害虫的幼虫，所以，它们是一种对人类有益的小动物，而且不会去故意破坏植物。

不过，有时候欧鼹会在花园或菜园里挖掘藏身的洞穴，把刨出的泥土杂乱地丢在花台或

cài lǒng shang yě huì bù xiǎo xīn bǎ hǎo duān duān de huā duǒ huò shū cài gěi
菜垄上，也会不小心把好端端的花朵或蔬菜给
zhuàng huài shǐ de zhǔ rén hěn nǎo huǒ
撞坏，使得主人很恼火。

yù dào zhè zhǒng qíng kuàng zhǔ rén jìn kě yǐ xīn píng qì hé de zài
遇到这种情况，主人尽可以心平气和地在
dì shang chā yì gēn xì cháng de zhú gān dǐng duān ān zhuāng yí gè xiǎo fēng chē
地上插一根细长的竹竿，顶端安装一个小风车。
fēng er chuī de fēng chē zhuàn gè bù tíng zhú gān jiù gēn zhe dǒu dòng shǐ xià
风儿吹得风车转个不停，竹竿就跟着抖动，使下
miàn de ní tǔ hé ōu yǎn dòng xué yì qǐ wēng wēng zhí xiǎng zhè yàng
面的泥土和欧鼹洞穴一起“嗡嗡”直响。这样
yì lái nà xiē xiǎo jiā huo men jiù huì sì chù táo sàn de
一来，那些小家伙们就会四处逃散的。

YUE DU YAN SHEN

两个小朋友听到青蛙和田凫的叫嚷，并和它们进行了对话；一个12岁的小朋友仔细地观察了一种甲虫的有趣现象；还有个小朋友为了观察燕子做巢，写下了不少日记……面对这么多有趣的事情，我们应该做点什么呢？

Chapter 04 | 第四章

安家筑巢月(夏季第一月)

※※※ 章节导读 ※※※

六月——蔷薇花盛开的时候,候鸟把家安置好了,夏天的序幕拉开了。民谚说:“夏天已经在篱笆缝里显露出来了……”所有的鸟儿都有了巢,所有的巢里都有了蛋——各种各样的颜色!薄薄的蛋壳里,孕育着幼弱的新生命。

☆☆☆

谁的住宅最棒

我们的通讯员想要找到一处最棒的住宅,但是,要挑出哪一处住宅是最棒的,还真不是一件容易的事情。

雕的巢是最大的,用粗壮的树枝搭成,造在高大的松树上。

黄脑瓜的戴菊鸟的巢是最小的,只有小小的拳头那么大。原来,它的小身子比蜻蜓还要小。

鼹鼠的窝造得最高明,有很多前门、后门和太平门。就算你费尽九牛二虎之

力，也别想在窝里把它捉住。

脖子里好像扎着花领带的勾嘴鹬和夜间活动的欧夜莺的巢是最简单的。勾嘴鹬直接就把它的四枚蛋下在河水边的沙地上，而欧夜莺则在树下枯叶堆中的小洼窝里下蛋。这两种鸟儿都懒得把工夫花在造窝上。

反舌鸟属于篱莺的一种，擅长模仿人的语言和其他鸟儿的鸣声。它的住宅是最华美的。小小的巢搭建在白桦树枝上，用苔藓和轻薄的白桦树皮加以装饰，并且还编上它从别墅的花园里捡来的人们丢弃的花纸片，作为装点。

长尾巴小山雀的巢是最舒服的。因为这种山

雀的身形很像盛汤用的长柄汤匙，所以又有一个名字叫汤勺子。它的巢里层是用茸毛、羽毛和兽毛编织而成的，外层则用苔藓黏糊。整个小巢像一个圆乎乎的小南瓜，在巢顶的正中央，还开了个小圆门儿。

河榧子幼虫的住宅是最轻便的。河榧子是带翅膀的昆虫，当它们停下来的时候，收拢的翅膀盖在背上，正好可以遮住全身。而河榧子的幼虫却没有翅膀，身子赤裸着，没有什么遮蔽，它们在小河、小溪里安家。当河榧子幼虫找到与自己的身体长短相当的一段草棍或一片苇叶时，就把一个泥沙做的小圆筒粘附在上面，再倒着爬进去。这真是方便极了！它可以全身隐蔽在小圆筒里，安安稳稳地睡大觉，不用担心被看到；当它想动一动时，就把前脚伸出来，背着小房子在河底游走一通，这小房子太轻便了！有一只河椹子幼虫，在河底找到了一根沉没的香烟嘴儿，就钻了进去，然后带着它四处闲逛。

银色水蜘蛛的住宅是最奇妙的。它把家安在水底，在水草间结上蛛网。再用它毛茸茸的小肚皮从水面上带下来一些气泡泡，放到小窝的下面。水蜘蛛就住在这个用蛛丝做成的有空气的小房子里。

借用别家的住宅

谁不会造窝或是懒得去造窝的，就借用别家的住宅。

杜鹃把蛋产在鹡、知更鸟、黑头莺和其他一些会筑巢的小鸟的窝里。

森林里的黑勾嘴鹬，找到了一个废弃的乌

鸦巢，就在那里孵起了小黑勾嘴鹬。

鮈鱼特别看中已经没有虾儿居住的小洞，这些洞隐藏在水底的沙壁上。鮈鱼就把卵产在了这些小洞里面。

一只麻雀把家安置得十分巧妙。它原先在屋檐下有一个巢，但不幸被男孩们毁掉了。后来，它又在树洞里安了家，但鼬鼠又把它的蛋给偷去了。最后，麻雀就把家安置在雕的大巢里了。雕的家是用粗树枝搭建的，麻雀把它的小窝就放在了粗树枝的缝隙里，很宽敞呢！现在，麻雀终于过上了安稳日子，再也不用怕了。巨大的雕根本

就没有把这么小的麻雀放在眼里。至于鼬鼠啦、猫啦、老鹰啦等，甚至是男孩们，也不会去破坏麻雀的巢了，因为谁都害怕雕。

狐狸怎样占有了獾的家

狐狸家里遭麻烦了——洞顶塌了，狐狸娃娃差点被砸死。狐狸一看：这下惨了，必须搬家了。

狐狸去拜访獾家。獾家是一个极其舒服的洞穴，一边一个出入口，洞中还纵横分布着各种密道，以便在敌人突然袭击时可以逃生。獾的家很大：可以同时住进两家。

狐狸请求獾分一间屋子给它，可獾一口回绝了。獾是一个颇为细致讲究的主人，喜欢干净整洁，容不得一丁点儿脏东西，它怎么会让一个拖着娃娃的家伙进来住呢？獾把狐狸赶了出去。

“好啊！”狐狸想，“你居然这样！咱们走着

qiáo
瞧！”

hú li yáng zhuāng zǒu jìn le shù cóng qí shí tā cáng zài guàn mù cóng
狐狸佯装走进了树丛，其实它藏在灌木丛
de hòu miàn zài nà lǐ děng zhe huān cóng dòng li lòu tóu xiàng sì zhōu wàng
的后面，在那里等着。獾从洞里露头向四周望
le yí xià kàn jiàn hú li yǐ jīng lí kāi le cái cóng dòng li zuān chū
了一下，看见狐狸已经离开了，才从洞里钻出
lái dào sēn lín li zhǎo wō niú chī qù le
来，到森林里找蜗牛吃去了。

hú li fēi kuài de chuǎng jìn huān jiā zài dì shang lā le yí dà duī
狐狸飞快地闯进獾家。在地上拉了一大堆
shǐ bìng bǎ dòng li gǎo de zāng de yào mìng rán hòu jiù liū zǒu le
屎，并把洞里搞得脏得要命，然后就溜走了。

huān huí jiā yí kàn tiān na chòu sǐ rén le tā qì hēng hēng
獾回家一看：天哪！臭死人了！它气哼哼
de lí kāi zhè lǐ dào bié chù gěi zì jǐ wā xīn dòng qù le
地离开这里，到别处给自己挖新洞去了。

zhè zhèng shì hú li bā bù dé de shì qing tā bǎ hú li wá wa
这正是狐狸巴不得的事情。它把狐狸娃娃
xián le guò lái zài zhè ge shū shì de huān dòng li ān le jiā
衔了过来，在这个舒适的獾洞里安了家。

刺猬救命

yí dà zǎo mǎ shā jiù xǐng le tā pò bù jí dài de tào shàng yī
一大早，玛莎就醒了，她迫不及待地套上衣
fu guāng zhe jiǎo yā zi jiù pǎo jìn shù lín li qù le
服，光着脚丫子，就跑进树林里去了。

shù lín li de xiǎo shān bāo shang zhǎng zhe xǔ duō yě cǎo méi mǎ shā
树林里的小山包上长着许多野草莓，玛莎
shǒu jiǎo má lì de zhāi mǎn le yì xiǎo lán tū rán jiǎo xià yì huá tā
手脚麻利地摘满了一小篮。突然，脚下一滑，她
téng de dà jiào yuán lái tā de yì zhī guāng jiǎo huá xià le cǎo dūn bèi
疼得大叫，原来，她的一只光脚滑下了草墩，被

一个尖锐的东西刺出了血。

原来是一只刺猬伏在草墩下，蜷成一团，“呋呋”地叫着。玛莎哭了。

忽然，刺猬不叫了。

一条背上有锯齿状黑花纹的大蛇朝玛莎爬了过来，这是有剧毒的蝰蛇。玛莎吓得手脚发软，蝰蛇越来越近了，“咝咝”地吐着带叉的芯子。

在这关键的时候，刺猬突然挺直身子，飞奔着小短腿向蝰蛇冲去。蝰蛇竖起上半身，像鞭子似的抽过来。说时迟那时快，刺猬竖起全身的刺迎了上去，蝰蛇疼得“咝咝”直叫，打算转身逃跑。刺猬趁势扑到它身上，从后面咬住了它的脑袋，用爪子抓着它的脊背。这时，玛莎才回过神来，她立刻跳起来跑回家去。

燕子窝

6月25日

yì tiān tiān guò qù le wǒ qīn yǎn kàn zhe zhè duì yàn zi bù cí
一天天过去了，我亲眼看着这对燕子不辞
xīn kǔ de xián ní zhù cháo nà ge cháo yì diǎn diǎn de biàn dà le měi
辛苦地衔泥筑巢。那个巢一点点地变大了。每
tiān yí dà zǎo tā men jiù kāi shǐ láo dòng zhōng wǔ xiē shàng liǎng sān gè
天一大早，它们就开始劳动。中午歇上两三个
xiǎo shí jiù yòu kāi shǐ hú a zhān a de yì zhí máng dào tiān sè jiāng
小时，就又开始糊啊粘啊的，一直忙到天色将
wǎn zhè yàng bù tíng de wǎng shàng duī ní shì zhān bù láo de děi
晚。这样不停地往上堆泥，是粘不牢的——得
ràng xī ní ba liàng yí liàng cái gù dìng de zhù a
让稀泥巴晾一晾才固定得住啊！

yǒu shí qí tā yàn zi yě lái chuàn mén rú guǒ
有时，其他燕子也来串门。如果
qià hǎo dà xióng māo bú zài wū dǐng de huà kè rén men jiù
恰好大雄猫不在屋顶的话，客人们就
huì dāi zài liáng shang jī ji zhā zhā de liáo shàng yí zhèn
会待在梁上，“叽叽喳喳”地聊上一阵
zi zhǔ rén shì bú huì niǎn kè rén zǒu de
子。主人是不会撵客人走的。

现在的燕巢已经像一弯下弦月了，就是月亮由圆变弯，右边缺了一块的样子。

我很清楚燕巢为什么会成为这个样子，左右两面的增长速度为什么会不一致。因为这个巢尽管是雄燕子和雌燕子共同做的，但它们出力不一样。雌燕子衔泥飞回来后，它的头总向左偏，一个劲儿地把泥巴粘在左边，它干活很细致，并且飞出去衔泥的次数也比雄燕子要频繁。而雄燕子往往一飞出去就是几个小时，肯定是和别的燕子嬉戏去了。雄燕子筑巢的时候，头总是向右偏。它干活不及雌燕子，所以它那半边的巢就比左边的缺了一块，燕巢两边的增长

yě jiù bù yí yàng le
也就不一样了。

xióng yàn zi tài lǎn le tā hái bù zhī xiū qí shí tā kě bǐ
雄燕子太懒了，它还不知羞！其实，它可比
cí yàn zi qiáng zhuàng yǒu lì a
雌燕子强壮有力啊！

6月28日

yàn zi yǐ jīng tíng zhǐ le xián ní tā men kāi shǐ wǎng cháo li xián
燕子已经停止了衔泥，它们开始往巢里衔
gān cǎo hé róng máo diàn le hòu hòu de yì céng chū hū wǒ de yì liào
干草和茸毛，垫了厚厚的一层。出乎我的意料，
tā men duì cháo de shè jì kǎo lǜ de nà me zhōu quán běn lái jiù yīng
它们对巢的设计考虑得那么周全——本来就应
gāi ràng cháo de yì biān bǐ lìng yì biān gāo yì xiē ya cí yàn zi bǎ cháo
该让巢的一边比另一边高一些呀！雌燕子把巢
de zuǒ bian zhù dào le dǐng ér xióng yàn zi què méi yǒu bǎ yòu bian duī mǎn
的左边筑到了顶，而雄燕子却没有把右边堆满，
zhè yàng jiù zhù chéng le yí gè quē le gè jiǎo de ní qiú yòu shàng jiǎo liú
这样，就筑成了一个缺了个角的泥球，右上角留
le yí gè quē kǒu shì ya tā men de cháo běn lái jiù gāi shì zhè ge
了一个缺口。是呀，它们的巢本来就该是这个
yàng zi ya quē kǒu zhèng shì cháo de mén na fǒu zé zhè duì yàn
样子呀——缺口正是巢的门哪！否则，这对燕
zi zěn me jìn qù ne rú cǐ shuō lái wǒ hái mà xióng yàn zi lǎn zhēn
子怎么进去呢？如此说来，我还骂雄燕子懒，真
zhèng shì yuān wang le tā
正是冤枉了它。

6月30日

cháo zhù hǎo le cí yàn zi māo zài wō li bù chū lái gū jì
巢筑好了。雌燕子猫在窝里不出来，估计
tā shēng dàn le xióng yàn zi bù shí de diāo xiǎo chóng er huí lái hái gāo
它生蛋了。雄燕子不时地叼小虫儿回来，还高

xìng de bú duàn de jiào
兴地不断地叫。

yàn zi kè rén yòu lái le tā men cóng cháo biān yī yī fēi guò
燕子客人又来了。它们从巢边一一飞过，
wǎng cháo li zhāng wàng zhe bú duàn de pū shan zhe chì bǎng cí yàn zi de
往巢里张望着，不断地扑扇着翅膀，雌燕子的
nǎo dai lù zài cháo wài shì bú shì kè rén men zài xiàng zhè wèi xìng fú de
脑袋露在巢外，是不是客人们在向这位幸福的
yàn zi mā ma dào xǐ ne kè rén men huān kuài de rè nao le yí zhèn
燕子妈妈道喜呢？客人们欢快地热闹了一阵，
jiù lí qù le
就离去了。

dà xióng māo cháng cháng pá dào wū dǐng shang wǎng wū yán xià kuī shì
大雄猫常常爬到屋顶上，往屋檐下窥视。
cháo li de xiǎo yàn zi hái méi chū shì tā shì bú shì děng de hǎo zháo jí ya
巢里的小燕子还没出世，它是不是等得好着急呀？

7月13日

liǎng gè xīng qī guò qù le cí yàn zi dāi zài wō li bù cháng chū
两个星期过去了，雌燕子待在窝里，不常出
lái zhǐ shì dào zuì nuǎn huo de zhōng wǔ
来。只是到最暖和的中午
shí fēn tā cái chū lái yí xià
时分，它才出来一下，
zhè shí dàn bú huì shòu liáng
这时蛋不会受凉。
tā zài wū dǐng shang fēi jǐ quān
它在屋顶上飞几圈，
zhuō jǐ zhī cāng ying chī chi yòu lüè
捉几只苍蝇吃吃，又掠
guò chí táng de shuǐ miàn zhǎo diǎn shuǐ
过池塘的水面，找点水
hē he hē wán le jiù yòu fēi
喝喝。喝完了，就又飞

回巢里去了。

可是今天，两只燕子开始忙忙碌碌地不断飞进飞出。有一次，我还看见雄燕子衔了一小块白色的蛋壳，雌燕子叼了一只小虫儿。看来，巢里的小燕子已经破壳而出了。

7月20日

完了！完了！大雄猫爬到了屋顶上，并将整个身子倒挂在梁上，试图用爪子去掏燕子巢。巢里的小燕子啾啾地叫着，好生凄惨哪！

这时候，不知从哪里飞来一大群燕子，它们尖利地叫着，来势汹汹，几乎要冲到大雄猫的脸上了。呀！一只燕子差点儿被猫抓到！

哎哟！它又扑向了另一只燕子……

太棒了！这只大雄猫强盗扑空了——脚下一滑，就“扑通”一声，从梁上掉了下来……倒也没要了小命，可是够痛的。它沮丧地“喵呜”了一声，就用三只脚一跛一跛地走了。真是活该呀！这么一下，估计它不敢再这样了。

《森林报》通讯员　维利卡

小燕雀和妈妈

我家的院子里，绿树亭亭如盖。我在院子里散步时，突然，脚底下飞出一只小燕雀，小脑袋上还长着两撮弯弯的茸毛。它刚飞起来，就又落在了地上。我把它捉起来，带回房里，爸爸让我把它放在敞开的窗口处。不到一个小时，小燕雀的爸爸妈妈就飞过来喂它了。这样，它在我家里待了一天。

清晨五点，我一觉醒来，看到燕雀妈妈停在窗台上，嘴里衔着一只苍蝇。我爬起来，把窗子打开，然后自己躲在角落里静静观察。等了一会儿，刚才被惊扰的燕雀妈妈又飞来了，小燕雀“啾啾”地叫起来，要吃早饭呢！这时，燕雀妈妈决心飞进屋子，它跳到笼子前，隔着笼子喂小燕雀。

后来，当它又去找食物的时候，我把小燕雀拿出笼子，送回了院子里。当我想起来再去看小燕雀时，它已经不见了，估计燕雀妈妈把它带回家了。

贝科夫

来自北冰洋群岛的通报

你们说的是什么黑夜呀？我们压根儿已经不记得了黑夜和黑暗是什么。我们这里的白昼最长，24小时全是白天，像这样要持续三个月。

我们这里明亮极了，野草们的生长速度快得让人觉得不真实，不是一天一天地变样，而是每小时都有变化。叶子日益茂密，花朵缤纷绽放。沼泽里满是苔藓，就连光秃秃的石头上，都长满了各样的植物。

苔原睡醒了！是的，我们这里没有翩翩的蝴蝶、美丽的蜻蜓，也没有灵巧的蜥蜴、青蛙和蛇，更没有一到冬天就躲进地下，在洞中冬眠的大小动物。我们这里的土地被冰封冻着，即使在盛夏，也只有表面上的一层解冻。

成群的蚊子，在苔原上空“嗡嗡”狂欢，因为我们这里没有让蚊子闻风丧胆的天敌——行动灵敏的蝙蝠。蝙蝠怎么会在这里生活呢？它们只能在黄昏和夜晚时捉蚊子，所以，就算它们夏天能飞来这里，又能怎么样呢？我们这里的夏天是没有黄昏和夜晚的呀！

我们这里的岛屿上，没有多少种野兽。只

有旅鼠（跟老鼠差不多大小，短尾巴的啮齿动物）、雪兔、北极狐和驯鹿。偶尔，北极熊会从海里游到我们这儿，在苔原上摇摇摆摆地四处溜达，寻找食物吃。

不过，我们这儿的鸟儿却是很多的，多得难计其数。尽管背阴的地方还有不少积雪，但是大群大群的鸟儿都已经飞来了。有角百灵、北鹨鸟、雪鹀、鹡鸰等会唱歌的鸟儿，还有鸥鸟、潜鸟、鹬、野鸭、大雁、海鸟和模样挺搞笑的花魁鸟，还有很多奇奇怪怪的鸟儿，可能你根本就没有听说过呢。

鸣叫声、喧哗声、唱歌声混在了一起。苔原上的所有地方，连光秃秃的岩石上都筑上了鸟

窝。有些岩石上，密密麻麻的鸟窝一个个紧挨着，就连石头上只有一个蛋大小的小洼窝都被筑上了窝。喧闹得呀，简直像一个鸟的大市场。如果有猛禽试图侵入的话，就会引发一大群的鸟儿向它发动进攻，扑将过去，喊杀声震耳欲聋，雨点般的鸟嘴纷纷啄去，这些鸟绝对不会让自己的孩子受欺负！现在，我们的苔原上是多么快活啊！你肯定会问：“你们那里没有夜晚，那鸟儿、兽儿都是什么时候休息睡觉呢？”它们几乎完全不睡觉，哪有时间睡觉呢。眯上一会儿，就又得干活了，喂孩子呀，垒窝呀，孵蛋呀，个个都有一大堆的活要做，都忙得团团转，因为我们这里的夏季太短暂了！到冬天再睡觉吧，冬天，可以把一年的觉都给睡了。

来自库班草原的通报

我们这里平坦的田地几乎望不到边，许多收割机和马拉收割机正在忙着收割庄稼。今年是个丰收年。

在收割后的农田上空，老鹰、雕、兀鹰和隼在缓缓地盘旋。现在，它们终于可以好好收拾那些偷庄稼的小蟊贼——老鼠、田鼠、金花鼠和仓鼠了。远远地，就可以看到它们正在洞里往外探头张望。

在庄稼收割之前，这些偷嘴的家伙们吃了多少的麦穗呀，现在只要想一下都觉得可怕。

现在，它们正在忙着收罗落在田里的麦粒，来填满它们的地下粮仓，好贮存冬粮。野兽们也不逊于这些猛禽。狐狸忙着在收割后的田地里抓捕鼠类，白色的草原鼬鼠更是帮了我们的大忙，它们毫不留情地吃掉一切啮齿类动物。

YUE DU YAN SHEN

六月，一个生机勃勃、热火朝天的月份！鸟儿们垒着大大小小、各式各样的窝，兽儿们斗智斗勇、抢夺着巢穴。看，可怜的小麻雀从这里到那里，不停地搬家，因为有调皮的小孩摧毁它的窝、有可恶的鼬鼠偷吃它的蛋；瞧，燕子夫妻终于把巢做好了，贪吃的大雄猫自作自受，摔了个大跟头……

Chapter 05 | 第五章

雏鸟出壳月(夏季第二月)

※※※ 章节导读 ※※※

七月——盛夏,不知疲惫地在打点着一切。熟透的黑麦和小麦泛着太阳的金黄色,如同一片明亮的金色海洋。鸟儿们开始沉默了,它们现在已经无暇歌唱,所有的鸟巢里都有了雏鸟。森林里到处都长着汁水丰富的果子……

☆☆☆

对孩子关怀备至的妈妈

suǒ yǒu de mā ma duì zì jǐ de hái zi kě wèi shì guān huái bèi zhì
所有的妈妈,对自己的孩子可谓是关怀备至。

mí lù mā ma kě yǐ wèi zì jǐ wéi yī de hái zi suí shí xiàn chū shēng mìng nǎ pà shì xióng lái jìn gōng mí lù mā ma yě gǎn yòng qián hòu tí zi yí tòng luàn tī zhè tòng tí zi gōng yě gòu xióng shòu de tā xià yí cì zài yě bù gǎn jiē jìn xiǎo mí lù le
麋鹿妈妈可以为自己唯一的孩子随时献出生命。哪怕是熊来进攻,麋鹿妈妈也敢用前后蹄子一通乱踢,这通蹄子功也够熊受的,它下一次再也不敢接近小麋鹿了。

《森林报》的通讯员，在田野里看到了一只小山鹑，就从他们脚边跳起来，着急忙慌地往草丛里藏。通讯员们捉住了小山鹑，它大声地尖叫起来。山鹑妈妈不知道从哪里钻了出来，看见自己的孩子在别人手上，就“咯咯”地叫着，扑打了过来，不过，却掉在了地上，翅膀下垂着。

通讯员以为它受伤了，就把小山鹑放下来，前去追它。山鹑妈妈在地上蹒跚地走着，几乎一伸手就可以捉到。可是手刚伸出去，它就往旁边一躲，就这样一路追去，突然，山鹑妈妈拍拍翅膀，从地上飞了起来，安然无恙地飞走了。

我们的通讯员回过头来找小山鹑，却发现小山鹑已经不见了。原来，山鹑妈妈是故意制造受伤的假象，把人们从它的孩子身边引开，好让孩子逃走。它对自己的每一个孩子都保护得非常好，因为它的孩子只有20个呀！

凶残的雏鸟

小巧玲珑的鹡鸰妈妈，在巢里孵出了六只身上光溜溜的雏鸟。其中的五只都挺像雏鸟的，第六只却是个小怪物：身上的皮十分粗糙，青筋毕现，长着一个大脑袋，两只凸眼泡，一张嘴能把人吓一跳，太大了，根本不像鸟嘴！

出壳后的第一天，它还乖乖地躺在巢里。只有在鹡鸰回来喂食的时候，才费老大劲儿直起沉重的大脑瓜，张开嘴，做出要吃食物的样子。

第二天，在清凉的晨风里，鹡鸰爸爸妈妈寻找食物去了，它便开始行动了。它先把脑袋低下去，顶住巢的底部，把两腿叉开，稳稳地往后退。它的屁股碰到了一个小兄弟，就使劲把屁股钻进这个小兄弟的身下，然后把自己光溜溜的弯翅膀往后甩，像钳子一样，用翅膀把这个小兄弟紧紧夹住，扛在背上，接着，它就一直往后退，一直退到巢的边上。

小兄弟又小又弱，眼睛还闭着呢，躺在它背上的洼窝里，就像被盛在汤勺里一样，不停地动。小怪物用脑袋和两腿撑住巢底，把背上的小兄弟直顶起来，越顶越高，一直顶到跟巢的边沿一样高。这时，小怪物猛一使劲，屁股猛然一抬，就把小兄弟掀到鸟巢外面去了。

鹡鸰的巢多是筑在河岸边的悬崖上。这只小小的，身上光光的小鹡鸰，就“啪嗒”一声，跌在石头上，摔得面目全非了。这只丑恶的小怪物也差点把自己从巢里摔了出去，它的身子在巢边晃晃悠悠了半天，沉重的大脑瓜才坠着身子跌回巢里。这恐怖的事情，前后持续了两三分钟。接着，使尽了全身气力的小怪物在

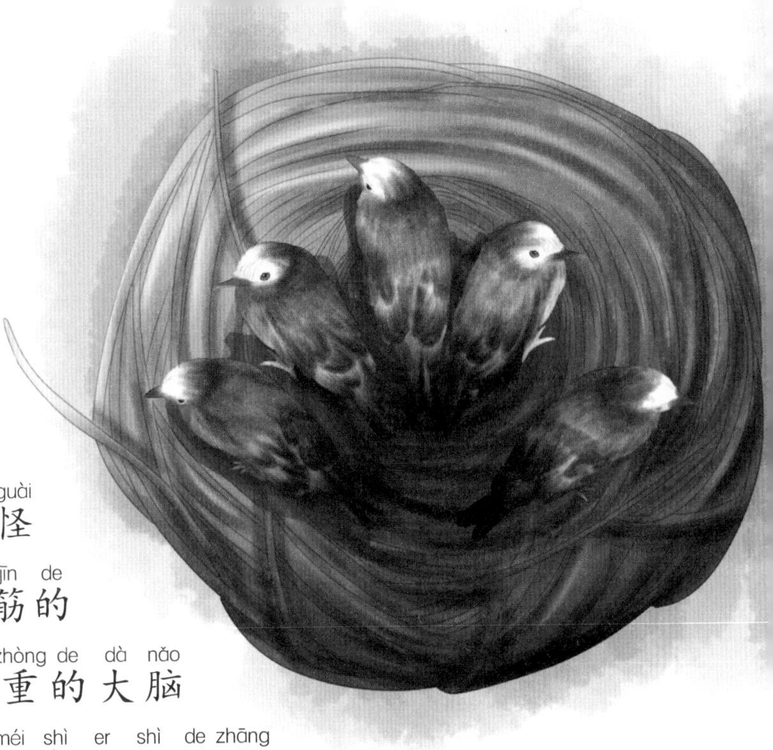

巢里躺了一刻钟的样子，动也不动。

鹡鸰爸爸妈妈回来了，小怪物伸长暴着青筋的脖子，直起沉重的大脑瓜，闭着眼睛，没事儿似的张开嘴，尖声叫着，要食物吃。鹡鸰爸爸妈妈对巢里的事似乎一点儿也不知道。

小怪物吃饱了，歇息一会儿，就开始对付第二个小兄弟。这个小兄弟不太好对付，它猛烈地乱动，总是从小怪物的背上掉下来，不过，小怪物是不会发善心的。

五天过去了，等到小怪物睁开眼睛时，它看到只有它自己躺在巢里，它的五个小兄弟都已经被它推到巢外摔死了。在它出壳十二天之后，羽毛长了出来。一切都清楚了，倒霉的鹡

鸰夫妇抚养了一只杜鹃的孩子。

可是，小杜鹃叫得可怜兮兮的，像极了鹡鸰那些死去的孩子们。它抖动着翅膀，娇娇地叫着，张着嘴要食吃。纤弱、温和的鹡鸰夫妇不忍心弃之不顾，让它活活饿死。鹡鸰夫妇的日子过得挺艰辛，整天忙来忙去，自己都没有时间吃个饱饭，起早贪黑，给小杜鹃捉来肥美的青虫。它们几乎要把脑袋都伸进小杜鹃的大嘴巴里，才能把食物塞进它那贪婪的大喉咙里去。

这样，一直到了秋天，鹡鸰夫妇才把它养大。小杜鹃飞走了，从此再也没有回来看过养父母。

小熊洗澡

我们的一位猎人朋友，有一天沿着林中的一条小河走着。忽然，听到了一阵很大的声响，像是树枝被折断的声音。他吃了一惊，赶快爬到了树上。

cóng lín zhōng zǒu chū le yì zhī zōng sè de dà mǔ xióng dài zhe liǎng
丛林中走出了一只棕色的大母熊，带着两
zhī yí kè yě bù xiāo tíng de xióng wá wa hái yǒu yì zhī dà yuē yí suì
只一刻也不消停的熊娃娃，还有一只大约一岁
de yòu xióng zhè shì xióng mā ma de dà ér zi xiàn zài zhè zhī xióng gē
的幼熊，这是熊妈妈的大儿子。现在，这只熊哥
ge yǎn rán shì liǎng zhī xiǎo xióng wá wa de bǎo mǔ
哥俨然是两只小熊娃娃的保姆。

xióng mā ma zuò zài dì shang xióng gē ge yǎo zhù yì zhī xióng wá wa
熊妈妈坐在地上。熊哥哥咬住一只熊娃娃
bó zi hòu de pí bǎ tā diāo qǐ lái jìn dào le hé shuǐ li xióng wá
脖子后的皮，把它叼起来浸到了河水里。熊娃
wa dà shēng jiān jiào zhe sì tiáo tuǐ luàn dēng yí qì kě xióng gē ge yī rán
娃大声尖叫着，四条腿乱蹬一气，可熊哥哥依然
bú fàng zhí dào bǎ tā fàng jìn shuǐ li xǐ gān jìng cái bǎ tā fàng kāi
不放，直到把它放进水里，洗干净，才把它放开。

lìng wài yì zhī xióng wá wa pà xǐ lěng shuǐ zǎo sā kāi jiǎo yā zi
另外一只熊娃娃怕洗冷水澡，撒开脚丫子
táo jìn lín zi li qù le xióng gē ge zhuī le shàng qù dǎ le tā yì
逃进林子里去了。熊哥哥追了上去，打了它一
bā zhang yī jiù bǎ tā jìn zài hé shuǐ li xǐ le yí tòng xǐ ya xǐ
巴掌，依旧把它浸在河水里洗了一通。洗呀，洗
ya xióng gē ge bù xiǎo xīn bǎ xióng wá wa diào jìn le shuǐ li xióng wá
呀，熊哥哥不小心把熊娃娃掉进了水里。熊娃
wa dà jiào qǐ lái xióng mā ma xùn sù tiào xià shuǐ qù bǎ
娃大叫起来，熊妈妈迅速跳下水去，把

熊娃娃抓上了岸，然后打了熊哥哥几个耳光，打得可怜的熊哥哥大声地嚎叫起来。上岸之后，两只熊娃娃洗过了澡，显得挺快活的样子。炎热的天气，它们还裹着厚厚的毛皮大衣，在凉水里洗一下，应该是凉爽多了。洗完澡，熊妈妈带着孩子们又回林子里去了，猎人这才敢溜下树，回家去了。

猫咪喂养大的小兔子

今年春天，我家的猫咪生了一窝小猫。后来，小猫全送了人。正好这一天，我们在树林里抓到了一只小兔子。

我们把小兔子放在猫咪的旁边，猫咪的奶水正旺，所以它就很愿意喂小兔子。这样，小

兔子吃着猫咪的奶水，渐渐长大了。它们俩很亲密，连睡觉都要在一起。

最好玩的是，猫咪教会了小兔子跟狗打架。只要有狗跑进我们的院子，猫咪就扑上去，乱抓一气，小兔子也随后赶上去，用两只前脚乱捶一通，打得狗毛直飞。附近的狗都惧怕我们家的猫咪和这只猫咪喂大的小兔子。

会捉虫的花

在林子里的沼泽地里，一只蚊子飞呀飞，它飞累了，想喝点水。这时，它看到一株花儿，长着绿色的茎，茎上还挂着白色的钟状小花儿，下面长着一片片紫红色的小圆叶子，围在茎的周围。小叶子上有一层茸毛，上面还有一颗颗晶莹的露珠在闪闪烁烁。

这只蚊子落下来，停在小叶子上，伸出嘴来吸露珠，可露珠是黏的，立刻把蚊子的吸管给粘住了。突然，叶子上所有的茸毛都动了，像触手

yí yàng shēn guò lái bǎ wén zi gěi zhuā zhù le xiǎo yè zi hé lǒng le
一样伸过来，把蚊子给抓住了。小叶子合拢了，
wén zi bèi lǒng zài le lǐ miàn děng le yí huì er yè zi yòu zhāng kāi
蚊子被拢在了里面。等了一会儿，叶子又张开
le wén zi de kōng qū qiào diào zài le dì shang tā de xiě yǐ jīng bèi huā
了，蚊子的空躯壳掉在了地上，它的血已经被花
er xī gān le
儿吸干了。

zhè shì yì zhǒng kǒng bù de huā er chī chóng zi de huā míng zi
这是一种恐怖的花儿，吃虫子的花，名字
jiào zuò máo zhān tái tā huì zhuō chóng zi bìng chī diào tā men
叫作毛毡苔。它会捉虫子并吃掉它们。

水下打斗

zài shuǐ xià shēng huó de wá wa gēn zài lù dì shang shēng huó de wá
在水下生活的娃娃，跟在陆地上生活的娃
wa yí gè yàng yě xǐ huan dǎ jià
娃一个样，也喜欢打架。

liǎng zhī xiǎo qīng wā tiào rù chí táng kàn jiàn lǐ miàn yǒu yí gè zhǎng
两只小青蛙跳入池塘，看见里面有一个长
de hěn qí guài de róng yuán sì tiáo xiǎo duǎn tuǐ er xì cháng de shēn zi
得很奇怪的蝾螈，四条小短腿儿，细长的身子，
dà dà de nǎo dai
大大的脑袋。

zhè ge guài wù zhǎng dé tài kě xiào le xiǎo qīng wā xiǎng zhe
“这个怪物长得太可笑了！”小青蛙想着，
děi bǎ tā zòu yí dùn yú shì yì zhī xiǎo qīng wā yǎo zhù róng yuán
“得把它揍一顿！”于是，一只小青蛙咬住蝾螈
de wěi ba lìng yì zhī xiǎo qīng wā bǎ tā de yòu qián tuǐ yǎo zhù le
的尾巴，另一只小青蛙把它的右前腿咬住了。
liǎng zhī xiǎo qīng wā shǐ jìn yí zhuài róng yuán de wěi ba hé yòu
两只小青蛙使劲一拽，蝾螈的尾巴和右
qián jiǎo bèi zhuài duàn le róng yuán táo pǎo le
前脚被拽断了，蝾螈逃跑了。

几天过去了，小青蛙在水下又见到了这只蝾螈。现在，它可成了名副其实的怪物，原来断掉尾巴的地方，长出了一只脚；而在右前腿被拽断处，却长出了一条尾巴。

蜥蜴也是这样，断了尾巴断了脚，都能重新再长出新的来。蝾螈在这方面比蜥蜴还要厉害，只是有时候会长得牛头不对马嘴——在断了肢体的地方，会长出跟原来肢体相比完全不同的东西。

谁都不闲着

清晨，天刚蒙蒙亮，人们就下地干活去了。大人们到哪里，孩子们也跟着到哪里。在草场里，农田里，菜地里，都有孩子们忙碌的身影。

看，孩子们拿着耙子来了。他们手脚麻利地把干草耙在一起，然后装进大车，送到干草棚里。

杂草们也不安分，孩子们得常常在亚麻地里和马铃薯田里除杂草。

到了收麻的时候，拔麻机还没到亚麻地里，孩子们就已经到了。他们先拔掉亚麻地四角上的亚麻，这样，拖着拔麻机的拖拉机在转弯时就容易多了。

在黑麦田里，孩子们同样在忙碌。收完麦子后，他们就把掉在地上的麦穗耙成一堆，做到颗粒归仓。

鸟儿的岛屿

——远方来信

bǐ ān jī dǎo shì yí gè zhēn zhèng de niǎo er de tiān táng zhè
比安基岛，是一个真正的鸟儿的天堂。这
lǐ méi yǒu niǎo de nào shì yě méi yǒu shàng wàn zhī niǎo er jǐ zài yán shí
里没有鸟的闹市，也没有上万只鸟儿挤在岩石
shang mǎ mǎ hū hū zhù cháo de chǎng jǐng gè zhǒng gè yàng de niǎo er zài dǎo
上马马虎虎筑巢的场景。各种各样的鸟儿在岛
shang zì yóu zì zài de xuǎn zé shì hé zì jǐ jū zhù de dì fang bú jì
上自由自在地选择适合自己居住的地方。不计
qí shù de yě yā dà yàn tiān é qián niǎo hé gè zhǒng yù dōu zài
其数的野鸭、大雁、天鹅、潜鸟和各种鹬，都在
zhè lǐ zhù cháo zài gèng gāo yì xiē de guāng tū tū de yán shí shang jū
这里筑巢。在更高一些的光秃秃的岩石上，居
zhù zhe hǎi ōu běi jí ōu hé guǎn bí hù zhè lǐ yǒu gè zhǒng gè yàng
住着海鸥、北极鸥和管鼻鹱。这里有各种各样
de hǎi ōu yǒu xuě bái shēn zi hēi chì bǎng de hǎi ōu yǒu shēn tǐ jiāo
的海鸥，有雪白身子黑翅膀的海鸥；有身体娇
xiǎo fěn hóng yán sè wěi ba xiàng jiǎn dāo de hǎi ōu hái yǒu shēn xíng jù
小，粉红颜色，尾巴像剪刀的海鸥；还有身形巨

大壮硕，性情暴躁凶猛的北极鸥，这种海鸥专爱吃鸟蛋和小鸟，甚至还吃小动物。这里还有通体雪白的北极大猫头鹰。有白翅膀，白胸脯的美丽雪鹀，能像云雀一样在云霄里歌唱。北极百灵鸟在地上边走边唱，脖子上的黑色羽毛就像黑色的小胡子，脑袋上还竖着小犄角似的两撮黑羽毛。

这儿的野兽种类真多！

我带着早点，坐在海岬的海岸上，身旁有很多兔尾鼠跑来跑去。这是一种个头很小的啮齿类动物，浑身毛茸茸的，长着灰色、黑色和黄色的茸毛。

岛上的北极狐极多。我在乱石堆中见到了一只，它正准备偷袭一窝还不会飞的小海鸥。

tū rán dà hǎi ōu men fā xiàn le tā lì kè yì qí xiàng tā pū qù
突然，大海鸥们发现了它，立刻一齐向它扑去，
jiào a hǎn a yí piàn chǎo chao rǎng rǎng xià de tā jiā zhe wěi ba
叫啊，喊啊！一片吵吵嚷嚷，吓得它夹着尾巴，
lián gǔn dài pá de táo diào le
连滚带爬地逃掉了。

zhè lǐ de niǎo er hěn huì bǎo hù zì jǐ bú ràng zì jǐ de yòu
这里的鸟儿很会保护自己，不让自己的幼
niǎo shòu dào qīn xí zhè yàng yì lái yě shòu men kě jiù yào ái è le
鸟受到侵袭。这样一来，野兽们可就要挨饿了。

wǒ xiàng hǎi miàn shang tiào wàng hǎi miàn shang yě yǒu hěn duō niǎo er zài
我向海面上眺望，海面上也有很多鸟儿在
yóu yì wǒ dǎ le gè hū shào hū rán àn biān de shuǐ dǐ xià mào chū
游弋。我打了个呼哨，忽然，岸边的水底下冒出
le jǐ gè yóu guāng shuǐ huá de yuán nǎo dai yòng wū hēi de yǎn jing dīng zhe
了几个油光水滑的圆脑袋，用乌黑的眼睛盯着
wǒ kàn hào qí de hěn gū jì zài xiǎng zhè shì nǎ lǐ lái de guài
我看，好奇得很，估计在想："这是哪里来的怪
wù ne gàn má yào chuī kǒu shào ne tā men shì yì zhǒng gè tóu bú
物呢？干吗要吹口哨呢？"它们是一种个头不
tài dà de hǎi bào
太大的海豹。

zài lí àn shāo yuǎn de dì fang chū xiàn le yì zhī gè tóu jiào dà
在离岸稍远的地方，出现了一只个头较大
de hǎi bào zài yuǎn chù yǒu yì xiē gè tóu gèng dà de zhǎng zhe hú zi
的海豹。再远处，有一些个头更大的，长着胡子

的海象。突然，所有的海豹和海象都扎进了水里，鸟儿凄厉地叫着飞向天空。原来，是一只北极熊从岛边游过，它从水里把脑袋露了出来。北极熊是北极地区最凶猛，最有力的野兽。

我的肚子“咕咕”叫了，这才想起吃早点。我记得很清楚，早点就放在身后的一块石头上，可这会儿却不见了，石头下面也了无踪影。

我跳起来，看见石头底下跑出了一只北极狐。

小偷啊小偷！是这个小蟊贼偷偷跑过来，把我的早点偷走了，包早点的纸还衔在它的嘴里呢！

看看，这里的鸟儿把这些尊贵的动物都饿成什么样了呀！

YUE DU YAN SHEN

机智的山鹑妈妈为了掩护孩子逃跑，假装受伤；熊哥给熊弟洗澡，兄弟俩没少挨巴掌；猫咪不仅养大了小兔子，还教会了它跟狗狗干架；北极狐偷走了“我”的早餐，包装纸都还舍不得扔……多么鲜活的生活画面，多么可爱的小家伙们！让我们睁大热爱生活的双眼，仔细观察，投入到热烈的生活中去吧！

Chapter 06 | 第六章

结伴飞翔月(夏季第三月)

※※※ 章节导读 ※※※

八月，闪光之月。一道道闪光从远方照亮了夜空，了无声息，迅疾无痕。草地在进行着夏日里的最后一次装扮，果实成熟了，蘑菇出来了，树木们也都不再长高长粗了……

☆☆☆

训练场

鹤和琴鸡都有一块供孩子们学习的专门的训练场。

琴鸡的训练场在林子里。小琴鸡们聚在一块，看琴鸡爸爸怎么做。琴鸡爸爸“咕噜咕噜”叫，小琴鸡也跟着“咕噜咕噜”叫。琴鸡爸爸“啾啾”地叫，小琴鸡们也跟着用尖尖

de sǎng yīn jiū jiū de jiào bú guò xiàn zài qín jī bà ba de jiào
的嗓音“啾啾”地叫。不过，现在琴鸡爸爸的叫
shēng yǒu le biàn huà bù tóng yú chūn tiān le chūn tiān tā de jiào shēng
声有了变化，不同于春天了。春天，它的叫声
tīng qǐ lái xiàng wǒ yào mài pí ǎo wǒ yào mǎi wài tào xiàn zài
听起来像：“我要卖皮袄，我要买外套！”现在
tīng qǐ lái xiàng wǒ yào mài wài tào wǒ yào mǎi pí ǎo
听起来像：“我要卖外套，我要买皮袄。”

xiǎo hè men pái de qí qí zhěng zhěng de fēi dào xùn liàn chǎng shang tā
小鹤们排得齐齐整整地飞到训练场上，它
men zài xué xí fēi xíng shí zěn yàng pái chéng zhěng qí de rén zì xíng duì
们在学习飞行时怎样排成整齐的“人”字形队
liè zhè jiàn shì bì xū yào xué huì zhè yàng cái néng zài cháng tú fēi xíng
列。这件事必须要学会，这样，才能在长途飞行
shí shěng xiē lì qi fēi zài rén zì zhèn zuì qián miàn de shì qún li
时省些力气。飞在“人”字阵最前面的，是群里
zuì qiáng zhuàng yǒu lì de lǎo hè shēn wéi duì liè de xiān fēng tā yào chōng
最强壮有力的老鹤。身为队列的先锋，它要冲
pò qì liú dài zhe quán duì qián jìn dāng tā fēi lèi shí jiù tuì dào duì
破气流，带着全队前进。当它飞累时，就退到队
liè de wěi ba shang yóu lìng yì zhī yǒu lì de lǎo hè lái chōng dāng tì bǔ
列的尾巴上，由另一只有力的老鹤来充当替补，
jì xù lǐng duì qián jìn
继续领队前进。

小鹤们排在头鹤的后面，一只接一只，首尾相连，按着节奏挥动翅膀。体力好一些的就飞在前面，体力差一些的就接在后面。“人”字形队列前面的尖尖冲破了一波波的气浪，就好比船儿的船头破浪前行一样。

蜘蛛飞行员

没有翅膀，怎么能够飞行呢？得想办法呀！几只小蜘蛛把自己变成了气球飞行员。

小蜘蛛从肚子里抽出一根细丝，把一端挂在灌木上。小风吹得细丝飘来飘去，可就是不会断。蜘蛛丝和蚕丝很像，很柔韧。

小蜘蛛站在地面上，抽出的丝在灌木和地面之间飘荡着。小蜘蛛还在继续抽丝，丝把它的身体都缠满了，好像一枚蚕茧，可是，它还在不停地抽丝。蜘蛛丝越抽越多，风越来越大了。小蜘蛛用八只脚紧紧地抓住地面。

一、二、三——小蜘蛛顶风走过去，把挂在

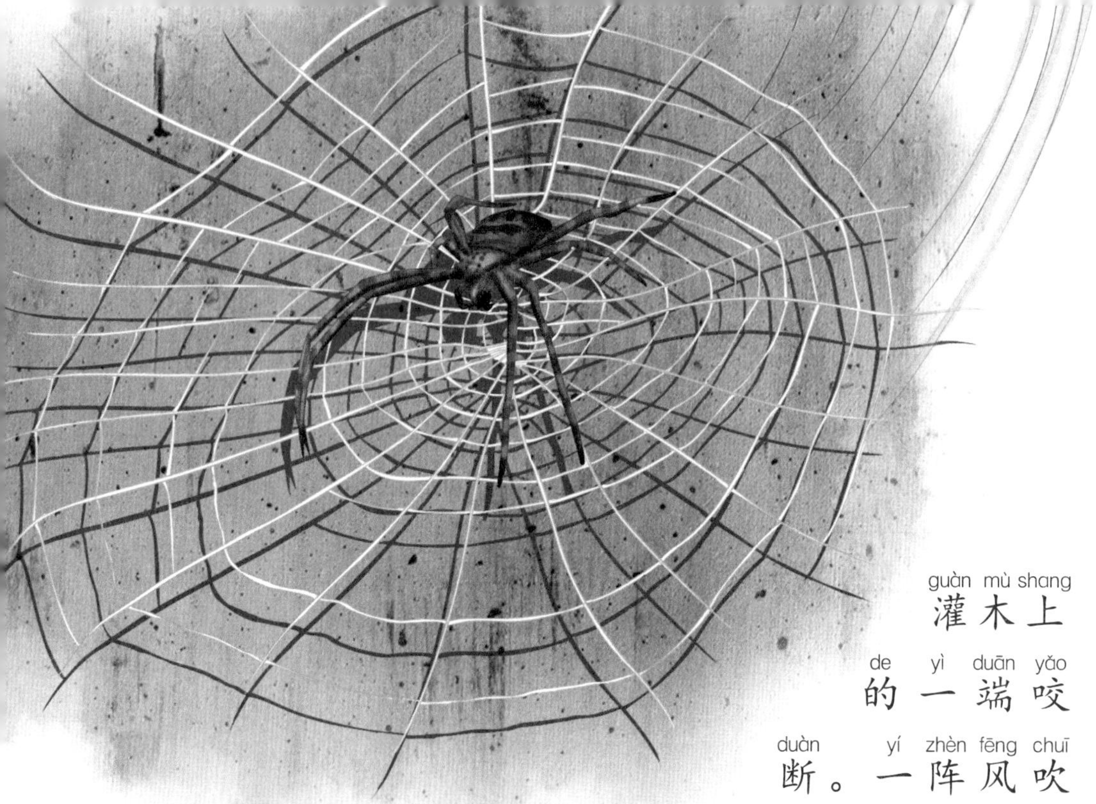

灌木上的一端咬断。一阵风吹来，把小蜘蛛给吹起来了。起飞了！赶快把身上的丝松开！

小气球起飞了，飞得那么高，飞过了草地，飞过了灌木丛。小蜘蛛从上往下看，在哪儿降落呢？下面是树林，是小河流。再往远处飞吧，往远处飞！这是谁家的院落啊？一群苍蝇围着一个粪堆在飞舞。停下吧！降落！

小蜘蛛把蜘蛛丝缠在自己身下，用爪子把蜘蛛丝团成一个小球。小气球慢慢地飞低了……行了，着陆吧！蜘蛛丝的一头挂在小草的叶子

上，小蜘蛛落在了地上。它可以在这里安家了。

秋高气爽的日子，会有许多的小蜘蛛带着它们细细的蛛丝在空中飞行。村里的人会说：“秋天老去了。”这是因为它们像秋天的白发丝丝飘飞，在太阳下闪烁着银色的光。

捉强盗

篱莺成群结队，在林子里到处飞。从这棵树飞到那棵树上，从这丛灌木飞到那丛灌木上，它们在每一棵树上、每一棵灌木中，上上下下、遛来遛去，把每个角落都仔仔细细地搜寻了一遍。树叶背后、树皮上、树缝里，哪儿有青虫、甲虫或蝴蝶飞蛾，都弄出来吃掉。

“啾咿！啾咿！”一只小鸟惊惶地叫了起来。所有的小鸟都立刻警惕起来，只见底下有一只凶恶的貂，正在偷偷地爬过来。它藏在树根之间，一会儿露出乌黑的脊背，一会儿隐没在倒在地上的枯木间。它那细长的身子像条蛇似的扭动着，两只狠毒的小眼睛，在阴暗中射出火星似的凶光。

“啾咿！啾咿！”四面八方的小鸟都叫起来了，这一群篱莺匆匆忙忙地离开了那棵大树。

白天还好办。只要有一只鸟发现敌人，全群的鸟就都可以逃脱。夜晚，小鸟躲在树枝下睡觉。敌人可没睡觉！猫头鹰用软软的翅膀拨着空气，悄没声儿地飞过来，看准小鸟在什么地方，就用爪子抓！睡得迷迷糊糊的小鸟，吓得惊慌失措地四下乱窜。可是有两三只却被抓去了，在强盗的铁爪中挣扎着。天黑的时候，可真不妙！

白天又来了，在密林中，有一个粗大的树桩，上面长了一簇模样奇怪的蘑菇。一只篱莺朝着蘑菇飞了过去，它想瞧瞧，那里有没有蜗牛呢。

蓦地，蘑菇头上灰色的帽子抬起来了，下面出现了一双圆溜溜的眼睛，闪闪发亮。这时，篱莺才看清，这是一张猫样的圆脸，脸上长着像钩子一样的弯嘴巴。篱莺吃了一惊，慌忙闪到一边，尖利地大叫："啾啾！啾啾！"整个鸟群都骚动起来，可是一只小鸟也没逃走。大家聚在一起，团团围住了那个怪异的树桩子。

"猫头鹰！猫头鹰！猫头鹰！救命！救命！"

猫头鹰气呼呼地把钩子嘴巴张了几下，发出"吧嗒吧嗒"的响声，仿佛在说："你们还找上我了！你们弄得我连觉都睡不成！"

还有很多其他的小鸟也听到了篱莺的报警声，都纷纷从四周飞了过来。

捉强盗啦！

精巧的黄脑袋戴菊鸟，飞下了高高的云杉树，灵活的山雀跳出了灌木丛，都英勇地进行着战斗，它们在猫头鹰的眼前绕来绕去，讽刺戏弄它道：“来呀！你碰我们呀！你捉我们呀！尽管追呀！捉我们呀！大白天的，你倒是试试呀！你这个讨厌的夜游神！”

猫头鹰只是“吧嗒”着嘴巴，眼睛眨呀眨，大白天里，它能怎么办呢？

鸟儿们还在源源不断地飞来，篱莺和山雀的尖叫、喧闹声，引来了一大群浅蓝色翅膀的松鸦，它们胆大又强壮。猫头鹰好害怕，赶紧扇动翅膀，逃掉了——赶快溜吧，再不赶快的话，要被松鸦啄死的。松鸦紧紧地跟在后面，追呀，追呀，直到把它赶出林子。

今晚，篱莺们可以踏踏实实地睡一夜了，经过这样一场大战，猫头鹰应该在很长时间里都不敢回来了。

狗熊吓死了

zhè tiān wǎn shang liè rén hěn wǎn cái cóng sēn lín li chū lái huí
这天晚上，猎人很晚才从森林里出来，回
dào cūn zi li qù dāng tā zǒu dào yàn mài dì páng biān de shí hou fā
到村子里去。当他走到燕麦地旁边的时候，发
xiàn tián li yǒu yí gè hēi hū hū de dōng xi yí dòng yí dòng de zhè shì
现田里有一个黑乎乎的东西，一动一动的，这是
shén me dōng xi ne shì bú shì shēng kou chuǎng jìn tián li le ne
什么东西呢？是不是牲口闯进田里了呢？

dìng jīng yí kàn tiān na yuán lái shì yì zhī dà gǒu xióng tā
定睛一看，天哪！原来是一只大狗熊。它
de dù pí cháo xià pā zài dì shang liǎng zhī qián jiǎo zhǎng bào zhù yí shù yàn
的肚皮朝下趴在地上，两只前脚掌抱住一束燕
mài suì yā zài shēn zi xià miàn zhèng zài jīn jīn yǒu wèi de shǔn xī ne
麦穗，压在身子下面，正在津津有味地吮吸呢！
tā xiǎng shòu jí le bù shí de fā chū mǎn yì de hēng hēng shēng kàn lái
它享受极了，不时地发出满意的哼哼声。看来，
yàn mài jiāng hái tǐng duì tā de kǒu wèi
燕麦浆还挺对它的口味。

liè rén méi yǒu dài zǐ dàn shēn shang zhǐ yǒu yì kē xiǎo xiàn dàn dǎ
猎人没有带子弹，身上只有一颗小霰弹（打
niǎo yòng de bú guò zhè ge liè
鸟用的）。不过，这个猎
rén kě shì yí gè yǒng gǎn de
人可是一个勇敢的

小伙子。他心里想:“不管那么多了,先放一枪再说。总不能让狗熊在地里肆意糟蹋庄稼吧!不给它点颜色瞧瞧,它是不会挪窝的。”他把霰弹装上,瞄着狗熊就放了一枪,正好擦着狗熊的耳朵边。

这声巨响,让狗熊毫无提防,吓得一下跳得老高。在麦田边上,正好有一丛灌木,狗熊居然像鸟儿一样蹿了过去。不过,蹿过去的狗熊摔了个嘴啃泥,它慌慌张张地爬起来,头也不敢回,撒开脚丫子就逃进森林去了。

猎人看到狗熊的胆子这么小,不由得笑了起来,然后回家去了。

第二天,猎人想:“我得

去瞧瞧，昨天狗熊把麦子糟蹋了多少。”他走到那里一看，一路上都是稀稀拉拉的熊粪，一直延伸到森林里。原来呀，狗熊居然被吓得拉肚子了！他顺着粪便的痕迹一路找去，只见狗熊已经躺在那里死掉了。

如此看来，是冷不防的霰弹把它吓死了。这可是森林里最强大的野兽哇！

食用菌

雨后，又有蘑菇长了出来。最好的蘑菇是松林里长的白蘑菇。

白蘑菇长得肥肥厚厚，帽子是深栗色的，还散发出一股好闻的味儿。

在林中小道旁的浅草里，长着一种油蕈，有时也长在车辙里。它们小的时候挺好看，像一个个小绒球。只是上面黏糊糊的，总要沾点什么东西，不是沾着枯树叶子，就是沾着细草梗子。

松林里的草地上，还长着一种松乳菇。红褐色的，很显眼，大老远就能看见。在这里，这种蘑菇可真多。大个儿的几乎跟碟子差不多，帽子被虫子咬得都是小洞，菌褶的颜色发绿。最好的松乳菇，是大小适中的，比硬币稍大一点。这样的蘑菇比较肥厚，它的帽子中间向下凹陷，边缘略微卷起。

云杉林里也有很多蘑菇。云杉树下也长着白蘑菇和松乳菇，但是，和松林里的不一样。白蘑菇的帽子颜色较浅，略微发黄，柄要再细长一些。松乳菇的颜色跟松林里的大不相同，它们的帽子不是红棕色的，而是蓝绿色，上面还有一圈圈的纹理，很像树桩上的年轮。

在白桦树和白杨树下，也长着一些很有自己特点的蘑菇，它们也是有名字的：白桦蘑和白杨蘑。白桦蘑就是在距离白桦树很远的地方也能生长，而白杨蘑和白杨树贴得很近，只能在白杨树的根上生长。白杨蘑长得很标致，品

xiàng duān zhèng jī hū xiàng diāo zhuó chū lái de
相端正，几乎像雕琢出来的。

农家生活

xiàn zài shì tián li huó ji zhèng máng de shí hou rén men shōu gē wán
现在是田里活计正忙的时候。人们收割完
hēi mài jǐn jiē zhe shōu gē xiǎo mài shōu gē wán xiǎo mài jǐn jiē zhe shōu
黑麦，紧接着收割小麦；收割完小麦，紧接着收
gē dà mài dà mài shōu gē wán le jiù yào shōu gē yàn mài le děng dào
割大麦；大麦收割完了，就要收割燕麦了；等到
yàn mài dōu shōu gē wán le hái yào shōu gē qiáo mài tuō lā jī zài tián
燕麦都收割完了，还要收割荞麦。拖拉机在田
li bú jiàn duàn de hōng lōng hōng lōng xiǎng qiū zhuāng jia yǐ jīng shōu huò wán
里不间断地“轰隆轰隆”响，秋庄稼已经收获完
le xiàn zài zhèng zài gēng dì wèi míng nián de chūn bō zuò hǎo zhǔn bèi
了，现在正在耕地，为明年的春播做好准备。

xià jì de jiāng guǒ yǐ jīng guò jì le kě shì zài guǒ yuán li
夏季的浆果已经过季了，可是，在果园里，
píng guǒ lí zi hé lǐ zi gāng gāng chéng shú lín zi li dào chù dōu shì
苹果、梨子和李子刚刚成熟。林子里到处都是
mó gu zài biàn bù qīng tái de zhǎo
蘑菇，在遍布青苔的沼
zé dì shang yuè jú dōu fàn hóng
泽地上，越橘都泛红
le cūn li de hái zi men yòng
了。村里的孩子们用
gùn zi dǎ zhe yí chuàn chuàn
棍子打着一串串
chén diàn diàn de
沉甸甸的
huā qiū guǒ
花楸果。

山鹑一家可是倒了霉：最开始，它们一家从秋播田里搬到了春播田里；后来，又从这块春播田里转移到另一块春播田里去；最后，它们躲进了马铃薯田里。可是，现在人们又到马铃薯田里来挖马铃薯了。马铃薯收割机开进了田里。孩子们点起篝火，搭起了小灶，在地里烤起了马铃薯。每个人的小脸都抹成了黑乎乎的花猫脸，乍一看还怪吓人的。

灰山鹑从马铃薯田里逃出来飞走了。它们的雏鸟已经长大了，猎人已经可以捕捉它们了。得找个栖身觅食的地方呀。到哪里去呢？各处的庄稼都已经收割了。不过，现在秋播的黑麦已经长得有那么高了，这下又有吃饭和躲避猎人犀利目光的地方了！

YUE DU YAN SHEN

凶狠的猫头鹰被小鸟们群起而攻，只得落荒而逃；凶猛的狗熊竟然被猎人的一声空枪给活活吓死了；山鹑的家从这里搬到那里，谁叫庄稼一茬一茬地要收割呢……只要你愿意睁大双眼，有趣的事儿一件接一件。

Chapter 07 | 第七章

候鸟离乡月(秋季第一月)

※※※ 章节导读 ※※※

九月里，草木枯黄，鸟兽哀号，到处一片萧索之景。天空乌云密布，阴沉昏暗，秋风越刮越紧。秋天的第一个月份拉开了序幕……

☆☆☆

万事俱备，只欠东风

乔木、灌木和青草，都在忙着妥善安排宝宝们的未来生活。

翅果双双对对地倒挂在槭树枝上，它们已经从壳里迫不及待地露出小脑袋，等待着风婆婆带它们开始一段飞翔的旅程。小草们也在静候风婆婆：细长的茎干密密地挨着，好似飘飘欲飞的布帘，一串串蚕丝一样亮丽的茸毛从长在顶

端的干燥的花里探出了笑脸；香蒲的茎，个子都超过了沼泽地带的草，上身裹了一圈褐色的小“皮袄”；山柳菊的球状小宝宝们，个个都毛茸茸的，在这晴朗的日子里，时刻准备着跟随风儿去四海为家。

还有不少其他种类的小草，可爱的小果子上布满茸毛——有长有短，有的长相一般，有的好似羽毛。长在已收完庄稼的田地里以及路边、沟边的那些植物，等候的已不再是风婆婆，而是途经身边的小动物和人类。金盏花三角形的种子最爱钩住行人的袜子；长着钩刺的猪殃殃，圆乎乎的种子钩住人的衣衫就不放手，只能拿毛绒布轻轻擦拭，才能请它们下来。

尼·巴甫洛娃

秋天采蘑菇

现在的森林里一片荒凉，空荡荡、湿乎乎的，飘着一股树叶腐烂的气味。唯一让人感觉欣慰的是一种洋口蘑，让人一看见它心里就暖乎乎的。它们有的一群群聚集在树墩上，有的蔓延上了树干，有的零零散散分布在地上，好像独自一人在散步。看着让人欣喜，采摘起来更是让人心情舒畅。就是只拣最好的采，只摘下其中的蕈帽，不一会儿也能摘到一小篮。

小洋口蘑长得真是漂亮：刚开始时，它们的帽子还紧绷绷的，就像小孩头上戴的无边小帽，脖子上围着一条白色的小围巾；接下来几天，帽子边慢慢地翘起来，更像一顶真正的帽子了，围巾也随之变成了一条领子。

细丝般的小鳞片布满了整个帽子，人们很难准确地判定它是什么颜色，总之是一种叫人看上去就心情舒缓、平静的浅褐色。蕈帽下蕈褶的颜色也各有不同，小洋口蘑的是白色，老洋口蘑的是浅黄色。

不知你是否留意过：老蕈帽把小蕈帽抱住的时候，小蕈帽上铺满了粉状物，你会忍不住胡乱猜测：难道它们已经发霉了？等你恍然大悟就会明白：这原来是孢子啊！对，正是老蕈帽撒下的孢子粉。

要想品尝到正宗的洋口蘑，就必须熟悉它们所有的特点。在市场里，经常会有人把毒蕈错认作洋口蘑。因为有些毒蕈简直可以以假乱真，同样是生长在树墩上，区别在于这些毒蕈的蕈帽下都没有领子，蕈帽上没有鳞片，而蕈帽的颜色却很亮丽，有黄色的，有粉红色的，帽褶有

的是黄色，有的是淡绿色，孢子却是乌黑色的。

尼·巴甫洛娃

乖巧的小喜鹊

在春天，村里几个调皮的孩子扒掉了一个喜鹊窝，我便从他们那里买了一只小喜鹊。仅仅相处了一天，它就和我熟识了。第二天的时候，已然敢到我手里来吃东西、喝水了。我们亲切地称它为“魔法师”，它也很快喜欢上了这个名字，对我们真是每呼必应！

小喜鹊的羽翼丰满之后，总爱飞到门上去，在那里站岗放哨。门对面的厨房里放了一张桌子，桌子中间有一个可以拉出来的抽屉，里面总放着一些好吃的东西。有时候，我们才刚刚打开抽屉，小喜鹊就迫不及待地从门上一飞而下，冲到抽屉里去，急匆匆地吃着美味。想把它拖出来时，它还拼命挣扎，死活不肯呢！

我去打水时，叫上一句：“‘魔法师’，跟着我！”它就飞到我的肩膀上，一路陪伴着我。

我们吃早餐时，喜鹊最积极，它忙里忙外地又是放糖，又是拿甜面包，还不小心把小爪子伸进了滚烫的牛奶里。

我在菜园的胡萝卜地里除草时，是喜鹊最搞笑的时候。它站在那里先认真观察一番，然后开始实践操作，照着我的动作，把绿叶子一根根地拽起来，码成一堆，哈哈，它想帮我拔草呢！可惜，它不认识哪些是杂草，哪些是胡萝卜，一股脑地全拔出来，真是一个可爱又可气的小帮手啊！

森林通讯员　薇拉·米赫耶娃

各自寻找藏身处

天气越来越冷了。美丽的夏天走远了。血液似乎快被冻住了，身上疲乏无力，只想酣睡，不想动弹。

甩着尾巴的蝾螈，一夏天都躲在池塘里不

曾露面，现在终于上了岸，慢悠悠地爬到树林里，找一个腐烂变软的树墩，钻到树皮下蜷成一团。

青蛙与它恰恰相反，从岸上回到池塘里，沉到水底，盖上一层厚厚的淤泥。蛇和蜥蜴躲到树根底下，用暖和厚实的青苔把自己裹好。在河流的深水处，溪水的洼底，小鱼们互帮互助，依偎在一起。

蝴蝶、苍蝇、蚊虫、甲虫等，都在树皮和墙壁的缝隙里找到了过冬的安乐窝，并搬了进去。蚂蚁们关闭了大门，封住了城墙的所有出口，那城墙足有一百个站台呢，然后它们都回到城的最里面，聚集在一起，你挨着我，我靠着你，静静地依偎着进入了梦乡。

挨饿受冻的日子到了！飞禽走兽等热血型的动物，虽然不太惧怕寒冷，但需要有食物不断提供能量：吃下去的东西，好似体内有个燃烧的火炉。可是，饥饿是寒冷的连体姐妹，总是相伴相随。

由于蝴蝶、苍蝇、蚊虫等小昆虫都不见了踪影，蝙蝠没了食物，也无可奈何地去冬眠了——钻进树洞、石穴、岩缝或者阁楼屋顶里，用后面的爪子紧紧地抓住某样东西，头朝下，倒挂金钩一般。它们还用翅膀裹住身体，好似穿了一件厚实的斗篷——就这样，沉酣而眠。

青蛙、癞蛤蟆、蜥蜴、蛇、蜗牛，都藏起来睡觉了。刺猬钻进了树根下的草窝里，獾也很少出来走动了，候鸟都飞往温暖的地方度假去了。

来自乌拉尔的通报

我们正忙于迎来送往一批批客人呢！迎接的是从北方苔原飞来的鸣禽，诸如野鸭和大

雁，它们仅仅是路过这里稍事休息，补充点食物，第二天就不见了踪影。送走的是当地的候鸟，它们在这里住了一个夏天，现在深秋时节，大部分都已踏上了航程，去温暖的地方过冬。

落叶松闪着金灿灿的光辉，原本细滑柔软的针叶也变粗糙了。每到夜晚，几只浑身乌黑，飘着胡须的雄松鸡笨拙地飞到落叶松的枝杈上，钻进金黄色的针叶中，寻找美食。榛鸡们叽叽喳喳地穿过黝黑的云杉树林。这里还搬来许多新住户：红胸脯的雄灰雀，淡灰色的雌灰雀，深红色的松雀，脑袋红红的朱顶雀以及角百灵，

它们来自北方，选择这里作为新家，不再南行。

小动物们也不甘落后。一只尾巴细长、背上长有五条刺眼黑纹的金花鼠，在树墩下藏了不少杉松的坚果，还从菜园里偷了很多葵花子，塞满它的储藏室。棕红色的松鼠，换上淡蓝色的皮毛，在树枝上晒满了香喷喷的蘑菇。还有那长尾鼠、短尾鼠以及水老鼠，储备了一大堆五花八门，种类各异的谷粒。身上布满斑点的星鸦，也在到处搜集坚果，藏到树洞里或者树根底下，以应付可能的粮荒。

熊给自己找好了新家，正忙着制作云杉树皮被褥呢！

大家都辛勤地工作着，准备迎接冬天的到来。

YUE DU YAN SHEN

“我”养了一只小喜鹊，它聪明伶俐得很哩！它会去抽屉里找好吃的，会帮“我”加糖、拿面包，可惜有点毛手毛脚的，竟然把爪子给烫着了，还会帮“我”锄草，完全照着“我”的模样又拔又码的，可惜它把庄稼也拔了……多么可爱，多么有惹人喜欢！你还舍得伤害它们吗？

Chapter 08 | 第八章

冬粮储存月(秋季第二月)

章节导读

十月，落叶纷飞，一片泥泞，寒冬拉开序幕。阵阵西风刮过，坚守到最后的一批枯叶也被吹落。秋天为森林脱下了华丽的夏装，又为池塘的水不断降温。那些冷血类动物，现在更觉得寒冷了。

做好准备，迎接寒冬

天气还不算太糟糕，但也不能掉以轻心，寒流说来就来，一夜之间就会把大地和水全部冻结。

森林里所有的小动物都在为了迎接寒冬忙活着，它们八仙过海，各显神通。能飞的，已经飞往温暖的地方；留下来的，到处寻找食物，运进仓库。

看，短尾野鼠驮着粮食，干得热火朝天！

不少野鼠直接在

草垛下或粮堆下挖过冬用的洞，好方便偷运粮食。它们的每个洞穴都有好多通道，每个通道都留有出口，洞穴里有卧室，还有几个仓库。不到酷寒难耐，野鼠们不会休息，所以它们有大把的时间用来储备食物。有些野鼠的仓库里都已堆积了几千颗饱满的谷粒。

这些小型啮齿类动物，最擅长从庄稼地里偷粮食，我们可要多加防备啊！

贼被贼偷

森林里的长耳鸮可真是个狡猾的小偷，让人意想不到的是，小偷也有被偷的时候。

从长相上来看，长耳鸮很像小一号的雕

鸮，嘴巴弯弯似铁钩，头上羽毛直竖。一双大眼睛圆圆的，无论多么漆黑的夜，都看得一清二楚，听力也格外敏锐。

老鼠在枯叶下刚刚发出窸窸窣窣的微弱声音，长耳鸮就已经飞了过去，一把抓住了它；小兔子从林中的缝隙间跑过，只听“嗖”的一声，还没回过神来，就被抓到了半空中。

长耳鸮把啄死的老鼠带回巢穴里，自己不吃，也不给别人享受的机会，它要留到冬天找不到食物时做干粮呢！它白天就待在巢穴里，看守自己的仓库；夜晚出去猎食。它还时不时地回去查看一下：仓库的东西还在吗？

长耳鸮有时候觉得仓库里少了东西，尽管它的数学学得不好，数不清一二三，但是眼睛很尖，能觉察出微小的变动。

有一天，夜暮降临，长耳鸮又出去打猎。回来时发现储存的老鼠都不见了，只在树洞底下趴着一只老鼠般大小的灰色动物，不知忙活着什么。它想如往常那样利索地抓住那只小兽，可小兽“刺溜”一下钻过一条裂缝，衔着偷来的老鼠逃掉了。这可气坏了长耳鸮，它敏捷地追去，眼看就要追上的时候却放弃了，它发现那可恶的小偷原来是凶猛的伶鼬。

伶鼬是个人见人怕的江洋大盗，个头不大但敏捷凶猛，一点儿也不把长耳鸮放在眼里。要是长耳鸮不小心被它咬住胸脯，就休想再逃出魔爪了。

受惊的青蛙和小鱼

池塘里的水和小动物们都被冻住了。在一个暖和的天气里，冰又融化了，农民们趁机清理池塘，挖出淤泥堆在岸上。

太阳热乎乎地晒着，泥堆散发出股股蒸气。突然，一个泥团跳了起来，满地打转。怎么回事？

有一个泥团里露出了一条小尾巴，在地上蹦啊，跳啊，再“扑通”一下跳回了池水中！第二个、第三个，紧跟着如法炮制。但还有一些小泥团，却伸出几条小脚丫，跳离了池塘边。真是怪事！

哦！这些不是泥团，是裹满淤泥的鲫鱼和青蛙！它们钻进池底去过冬，却被农民连同淤泥一起挖了上来。阳光晒热了泥堆，它们渐渐苏醒，又欢快地蹦起来：鲫鱼重回水中，青蛙去寻找一个更好的冬眠处，免得又被稀里糊涂地挖出来。

醒来的青蛙们不约而同地都朝着一个方向跳去——麦场和大路的那一头，有一个更大、更深的池塘。它们已经来到了大路上。可惜，秋天的太阳说变脸就变脸。太阳躲进乌云里，又

吹来阵阵刺骨的寒风。浑身赤裸的小家伙们冷得哆哆嗦嗦，即使拼命挣扎也无济于事，一个接一个地倒了下去。血液凝固了，脚冻麻了，全身僵硬。小青蛙们再也没有力气前进了，它们都被残忍地冻死了。所有青蛙都面向大池塘的方向，那里有暖和的淤泥。

胆战心惊的小兔子

树上的叶子落完了，森林里一片光秃秃的。

一只小白兔躲在灌木丛下，身子紧贴着地面，两只眼睛东看看、西望望，心里怕得要命。四周不断地传来窸窸窣窣的声响：是老鹰降落

树枝扇动翅膀的声音吗？还是狐狸走近踩踏枯叶的声音呢？小白兔身上的杂色已经褪尽，皮毛越来越白了，它多么盼望降下一场大雪啊，这样它就不容易被发现了。可是现在，森林里五彩斑斓，到处都亮堂堂的，地上满是黄色、红色和棕色的落叶，它看上去多明显啊！

万一猎人来了可怎么办？跳起来就跑！可是往哪儿跑呢？爪子踩在枯叶上发出铁片儿似的沙沙声，把自己都快吓晕了。小白兔矮矮地趴在那里，藏在树墩上的青苔中，一动也不敢动，只眨巴着两只受惊的眼睛。它真的好害怕啊！

小动物们为了对付寒冷的冬天，各显神通。存粮的存粮，偷抢的偷抢，小鱼和青蛙什么也做不了，只好藏在泥巴里冬眠。最可怜的就是小白兔了，刚刚换了冬装，可是周围的景色还没变呢，叫它怎么躲藏呢？

Chapter 09 | 第九章

冬客上门月（秋季第三月）

※※※ 章节导读 ※※※

十一月是半秋半冬的时节。森林里一片凄凉的景象；水面上的冰层晶莹闪亮，煞是好看；大地铺上了厚厚的雪棉被。此时还不算是真正的冬天，只要太阳一露脸，万物都喜笑颜开……

☆☆☆

冬眠时间到了

厚厚的乌云严严实实地捂住了太阳，天空飘着灰突突，湿漉漉的雪花。

一只胖乎乎的獾气喘吁吁地向洞穴走去。森林里到处都是湿嗒嗒的泥巴，让它很心烦。是时候钻到地下那干燥而又舒服的沙土窝里去了，该冬眠了，好好地睡上一大觉吧！

林中有一种羽毛蓬松的乌鸦叫作噪鸦，它们成群地在树枝上又打又闹，扯开大嗓门叫喊着。咖啡色的羽毛被雨水打湿了，亮闪闪的。

一只老乌鸦在树顶上“哇”地一声嘶叫，原来它望见了远处有什么动物的尸体，于是拍拍乌黑发亮的翅膀飞了过去。

森林里一片寂静。漫天飞舞的雪花沉沉地落在黑乎乎的树枝和褐色的土地上。湿漉漉的落叶在慢慢腐烂。雪花越飘越大，变成了鹅毛大雪，给树林和大地都穿上了一层厚实的棉衣。

松鼠亡命记

不少外地的松鼠搬来我们这里的森林居住。在它们的北方老家，今年是个饥荒年，找不到充足的食物。

松鼠们分散着坐在松树上，用后爪紧紧地抓住树枝，好腾出前爪来捧着干果啃咬。一只松鼠爪子里的球果不小心掉在了雪地上，它舍不得浪费粮食，于是急匆匆地蹦到了地面上。它在雪地上蹦蹦跳跳地寻找那枚干果，后腿撑着身体，前脚托着，往前蹦去。突然，它发现一堆枯树枝后面藏着一团黝黑的皮毛和一双尖利的小眼睛。它慌忙扔下球果，“噌”的一声蹿上最近的一棵树，沿着树干爬上去。原来那是一只貂，在后面紧追不舍。这时，松鼠已经爬到了树梢顶上。貂也紧跟着爬了上来。松鼠只好蹦到了另外一棵树上。貂的身躯像蛇一样细长，它缩成一团，背部拱成了圆弧形，也跟着一跳。松鼠沿着树干拼命逃跑，貂也飞快地追赶。松鼠已经够机敏灵活了，貂却比它更胜一筹。松鼠又来到了树顶，上面已无路可逃，附近没有适合的树可以跳过去。眼看着貂就要追上来了。松鼠只好跳到其他的树枝上，然后向下奔去，貂紧随其后。松鼠在细一些的树梢上跑，貂便在粗一些的树干上追。松鼠跑啊跑，终于被逼上

了绝境。下面是地，上面是貂。容不得细细考虑了，它只能跳到地面，逃向另外一棵树。

可惜，在地上，松鼠远远不是貂的对手。貂只跑了三两步就轻松地追上了松鼠，把它摁倒在地，结束了它的小命。

兔子耍花招

一只灰兔趁着漆黑的夜色，偷偷地钻进了果园。小苹果树的树皮甜甜的，真好吃啊！它聚精会神地啃着、嚼着，连积雪落在头上也不去理会。黎明时分，两颗小苹果树已经被它啃得七零八落，不成样子了。

林中的公鸡已打过三遍鸣，小狗也“汪汪”地喊叫起来。小兔子这才回过神来，意识到必须赶在人们起床

之前，逃回森林里去。周围到处都是白茫茫的积雪，它一身棕红色的皮毛，格外惹人注目，老远都能望得见。它真羡慕小白兔，雪白的皮毛和积雪融为一体，很难被发现。

雪是昨晚才刚刚飘落的，积雪蓬松，很容易留下脚印。现在，雪地上就清清楚楚地留下了灰兔的一串脚印，后腿留下的是细长的印子，短短的前脚留下的是小圆圈。

灰兔跑啊跑，越过田野，穿过树林，清晰的脚印紧紧地跟在屁股后面。它刚美美地吃了一顿，现在真想在灌木丛里再美美地睡上一觉，可是无论逃到哪里，脚印都会报告它的行踪。

小灰兔只好耍耍花招了：对！把脚印踩得横七竖八、一片凌乱。

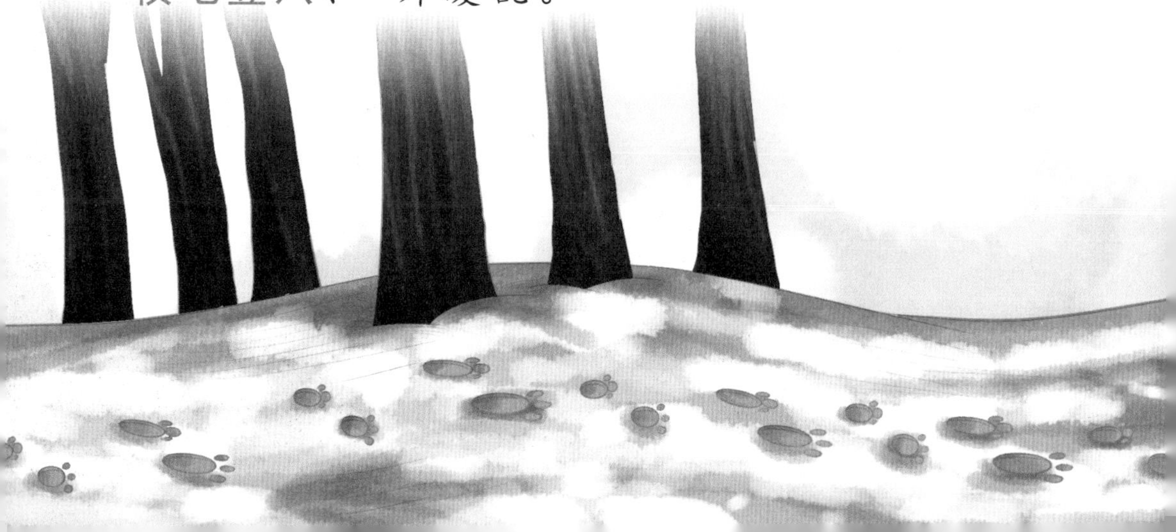

这时候，村民们都起床了。果农来到园子里一看，我的天哪，两棵多好的小果树，被糟蹋得没了皮。他往雪地上仔细一瞅，看见了脚印，顿时明白了一切：原来是兔子干的好事啊！小坏蛋，走着瞧，非用你的毛皮偿还我的树皮不可。他回家取下猎枪，踏着积雪搜寻兔子的踪迹。看，就在这儿，灰兔越过了篱笆，逃往田野。但是进了森林后，脚印却绕着灌木转起圈来。鬼家伙，还想耍花招骗我，我会搞清楚的！瞧，头一个花招是：绕着灌木丛跑一圈；第二个花招是：横穿自己踩过的脚印。果农紧跟着脚印追去，把两个花招都识破了。枪被稳稳地端了起

来，随时准备射击。突然，他停下了。怎么了？原来脚印中断了，四周全是平坦的积雪，就算兔子是蹦过去了，也该看出痕迹啊！

果农蹲在地上认真地察看，发现了第三个花招：兔子沿着自己原来的脚印又回去了。它准确地踩在原来的每一个印子上，不细看，还真看不出来呢。果农又沿着脚印往回找，却走回了老地方，看来，还是中圈套了！

他再次转过身，沿着这“双重”脚印继续找，终于发现了蛛丝马迹。原来“双重”脚印很快就消失了，又变回了单行脚印。看来兔子是跳到另一边去了。

那边的脚印印证了果农的判断，兔子果然

是蹿过灌木，向旁边蹦了过去。脚印又恢复正常了。但不一会儿又断了。原来是兔子在故伎重施，又来了一行新的“双重”脚印，然后又蹦开了。现在可得瞪大了双眼，丝毫不敢马虎。这不，又是一个“远跳”。这一回，兔子肯定是躲在某个灌木丛下了。小家伙，你休想再骗我。

其实，兔子真就藏在附近，只不过不是在灌木丛下，而是在一堆枯树枝下。灰兔睡得迷迷糊糊的，隐约听见了沙沙的脚步声越来越近。它睁眼一看，不远处是一双穿着毡靴的脚和一杆黑乎乎的枪筒子。灰兔偷偷地钻出来，箭一般地躲到了枯枝堆后面，短短的白尾巴一闪就不见了。

果农怏怏地空手而归。

请教熊先知

为躲避寒风，熊喜欢寻找低凹的地方布置过冬的巢穴，比如沼泽地，或者茂密的云杉树林。不过，令人好奇的是：如果这年冬天不是特别寒冷，会有积雪融化的可能，那所有的熊都会**不约而同**地选择在较高的地方冬眠，例如小山丘。

道理很简单：熊害怕积雪融化的天气。如果冬天融化的雪水顺势流到了它的巢穴里，然后天气突然转冷，雪水重新冻结，会把熊毛茸茸的皮大衣冻成冰板子。那时，熊可安生不了了，只好跳出巢穴满地晃悠，好让身体重新暖和起来。

到处活动的话，身上储存的脂肪很快就会**消耗殆尽**，必须尽快吃东西来补充能量。可是，冬天森林里可吃的东西实在难找。所以，如果它预见到这年是暖冬，就会选择高处过冬，以免在天气转暖时，备受雪水之害。这个道理，我们容易理解。但是，很难理解的是：熊究竟是根据什么来预知这年冬天的天气情况呢？它怎么会早早地在秋天就准确挑好过冬的地方呢？这真是叫人费解，看来得亲自钻到熊洞里请教熊先知了。

厉害的侦察兵

城里的果园和墓地里，有不少灌木和乔木需要保护。但人类很难担此重任。因为树木的破坏者们个头小小，却很狡猾，真是防不胜防。人们只好请来一批专业的侦察兵。

树林里到处都有这些侦察兵们忙碌的身影。

队伍首领是头戴红圈圈帽子的彩色啄木鸟。它的细嘴巴好似一根长枪，可以钻穿厚厚的树皮，还能“库克、库克”地发号施令。

它的手下是形态各异的山雀：头戴尖尖高帽子的凤头山雀；头顶好似插了一根短棒的胖山雀；浅

黑色羽毛的莫斯科山雀；嘴巴像锥子，身穿浅褐色外套的旋木雀；穿着天蓝色制服，胸脯雪白，嘴尖如利剑的青山雀。

啄木鸟一声令下，山雀们回应了口令之后，大家就都忙活起来了。

它们飞到树干和树枝上。啄木鸟戳开树皮，用针一般又尖又硬的舌头，把蛀虫钩出来。凤头山雀头朝下，围着树干四处察看，一旦发现哪块树皮里藏着昆虫或者害虫的幼虫，就把锋利的小嘴巴刺了进去。旋木雀在较低的树干上跳来跳去，用弯弯的锥子嘴巴啄着可疑的树皮。青山雀们一群群地绕着树枝欢快地飞来飞去，仔细检查着每一个小缝隙和小洞洞。害虫们休想逃脱它们的“火眼金睛”和“伶牙俐齿”。

YUE DU YAN SHEN

已经到了初冬，该冬眠的都冬眠了，不冬眠的动物正在努力寻找食物：乌鸦找到了腐尸，貂在忙着捉小松鼠，兔子用诡计求生，树“大夫”们还在辛勤工作……看来，冬天并不寂寞啊！

Chapter 10 | 第十章

雪径初现月(冬季第一月)

※※※ 章节导读 ※※※

十二月是天寒地冻的一个月，到处都冰封雪藏，坚硬如铁。十二月是一年的结束，却是寒冬的开始。许多动植物在积雪下结束了自己的一生。但是，植物保留下了种子，动物产下了卵。

☆☆☆

各有各的笔迹

wǒ men de tōng xùn yuán men yǐ jīng xué huì le rú hé dú dǒng zhè běn
我们的通讯员们已经学会了如何读懂这本
xuě shū cóng ér liǎo jiě dào sēn lín li fā shēng guò de gè zhǒng shì qing
雪书，从而了解到森林里发生过的各种事情。
yào zhǎng wò zhè mén jì shù kě bù jiǎn dān yīn wèi sēn
要掌握这门技术可不简单，因为森
lín jū mín men qiān míng shí bìng bù dōu shì guī
林居民们签名时，并不都是规
gui jǔ jǔ yì bǐ yí huà de
规矩矩、一笔一画的，
yǒu de hái hěn xǐ huan yǔ zhòng bù
有的还很喜欢与众不
tóng de huā yàng ne
同的花样呢！

huī shǔ
灰鼠
de bǐ jì bǐ
的笔迹比

较容易识别，像在玩跳背游戏似的，它在雪书上蹦来跳去。蹦跳时，短小的前爪支撑着地面，细长的后爪向前远远地伸出，还大大咧咧地分开着。因此，前脚印是并排的两个小圆点，后脚印是散开的细条状，好似长着细长指头的小手掌。

块头很大的国鼠，字却写得很小巧，不过同样简单易辨别。它从雪下的洞穴里爬出来时，总喜欢先绕个圈子，然后再奔向目的地，或者重新钻回窝里去。如此一来，雪书上就留下了一长串的冒号，并且冒号之间的间距是一样的。

飞禽的字迹也比较容易辨别。就拿喜鹊来说吧，它朝向前方的三个脚趾在雪书上印下的是一些小十字形状，朝后面的第四个脚趾，印下的是一个短短的破折号。十字形状的脚印两旁，总有一些整齐并列的指头印，那是翅膀末端的羽毛写下的。有的时候，它那羽尖参差不齐的长尾巴，也不甘落后，轻轻地在雪书上抹上一笔。

可是，狐狸和狼写下的签名，让人看着真头晕。你要是没掌握技巧，准会看得云里雾里，不知所云的。

狐狸的脚印与小狗的很相似，唯一的不同在于，狐狸行走时把脚掌紧紧地缩成一团，几个脚指头并拢在一起，而小狗的脚指头是松松地散开着，所以小狗的脚印比狐狸的显得更浅一些。

狼的脚印和大狗的很相似，不同之处在于：狼的脚掌两侧往里紧缩，因此脚印比狗显得更细长秀气一些；狼的爪子上长着几个硬硬的小肉突，所以在雪上陷得更深一些；狼的前爪和后爪之间的间距比狗更大一些，脚印亦如此；狼的两个前爪印，往往并拢在一起，而狗爪印上并拢在一起的是脚指头上的小肉突。

而现实世界中，狼的签名非常难识别，它惯于耍弄花招，把脚印涂抹得乱七八糟，一塌糊涂。

狼的花样笔迹

狼迈着小步向前行走或者奔跑时，右后脚总是丝毫不差地踩在左前脚的脚印里，而左后脚也同样毫厘不差地落在右前脚的脚印里。因此，它的脚印是长长的一条直线，好像狼是沿着一条绷直的长绳前进。

你要是看到这样的一行脚印，准会自信地推测道：“有一只高大，壮实的狼打这里经过。”

可惜，你判断错了！实际情况是这样的：经过这里的不是一只狼，而是五只狼。走在最前面的是一只机智的母狼，紧随其后的是一只老公狼，最后跟着的是三只聪明的小狼。

它们的一致行动真是令人叫绝，后面的狼总是准确无误地踩在前面那只狼留下的脚印

上，让你无论如何都无法想象，经过这里的居然是五只狼。

出了糗的小狐狸

在林中空地的雪书上，小狐狸发现了老鼠留下的签名。

“啊哈！”它想，“就要有吃的了！”

也不用鼻子认真检验一下签名的真伪，只粗看了一下，就草率地认为，这脚印一直通到那边的灌木丛下。于是，它偷偷地向灌木丛溜了过去。

雪堆里有个小家伙在蠕动，灰不溜秋的皮，伸出一条小尾巴。小狐狸冲过去，抓住它就是一口。

啊呀，什么坏东西啊？真是恶

臭扑鼻！小狐狸赶忙把吞进嘴里的玩意儿吐了出来，跳到一边吃了几口积雪漱口，这味儿真让人反胃啊！

小狐狸这顿早餐算是泡汤了，还白白搭上一只小兽的性命。原来那不是老鼠，而是一只鼩鼱。

远远看上去，它长得很像老鼠，但近看的话，很容易分辨清楚：鼩鼱弯弯地拱着脊背，嘴脸向前长长地伸着。它属于食虫兽，和田鼠、刺猬是亲戚。有经验的小动物都不会去招惹它，因为它身上会散发出一股类似于麝香的让人难以忍受的气味儿。

幸运逃脱的母鹿

雪地上有好多脚印子，好像记载了一个惊险的故事，这让通讯员费尽了心思，好一番推测。

开始是窄小的蹄子印，井然有序，看得出步伐悠闲自得。这个很好推断：是一只母鹿不紧不慢地走过，它丝毫没发觉大祸临头的征兆。

突然，蹄子印的旁边，出现了很多大爪子印，母鹿的蹄子印也显出快速奔跑的迹象。情况应该是：一只狼发现了母鹿之后，向它凶猛地扑了过去，母鹿则拼命地躲闪，奔向远处。

再往下，狼的脚印离母鹿的脚印越来越近，看来，母鹿越来越危险，狼就要追上它了。

接下来，是一棵躺倒在地的大树，在树边两种脚印纠缠在一起。母鹿在这千钧一发的关键时刻，一个优美的起跳跃过了高大的树干，狼也不甘落后地紧随其后跳了过去。

树干的那一边是个低凹的大坑，坑里的积

雪被扑腾得一塌糊涂，飞溅得到处都是，活像一颗炸弹在这里爆炸了一样。从这儿开始，母鹿的脚印与狼的脚印彻底分开了，还出现了第三者的脚印，尺寸巨大，形状像人光着脚丫子时踩下的，但却带有弯弯的，锋利可怕的爪印。

白雪底下究竟埋了一颗怎样的炸弹？这新出现的巨大无比的脚爪印是谁的？狼在这里怎么会甘心放弃追踪母鹿呢？这里究竟发生了什么？

我们的通讯员们绞尽脑汁，集思广益，在搞清楚这些巨大的脚爪印是谁的之后，真相终于水落石出。

母鹿是天生的跳高兼跳远的好手，在这个

wēi xiǎn de shí kè tā yí yuè ér qǐ
危险的时刻，它一跃而起，
qīng qīng sōng sōng de kuà guò le héng wò zài dì de cū dà shù gàn jì xù
轻轻松松地跨过了横卧在地的粗大树干，继续
xiàng qián táo mìng láng jǐn gēn zài hòu miàn qǐ tiào dàn tā shí zài bú shàn
向前逃命。狼紧跟在后面起跳，但它实在不擅
cǐ zhāo chén zhòng de shēn qū pū tōng yí xià cóng shù gàn shang huá luò
此招，沉重的身躯“扑通”一下从树干上滑落，
diào jìn le dà xuě kēng li sì jiǎo shēn jìn le xióng de dòng xué li
掉进了大雪坑里，四脚伸进了熊的洞穴里。

yuán lái zhè dà xuě kēng shì xióng de wō tā shuì de zhèng xiāng ne
原来，这大雪坑是熊的窝，它睡得正香呢，
tū yù láng de bù qī zào fǎng yí xià zi cóng mèng li jīng xǐng guò lái
突遇狼的不期造访，一下子从梦里惊醒过来，
yí gè fān shēn tiào de lǎo gāo bǎ zhōu wéi de bīng kuài jī xuě shù zhī
一个翻身跳得老高，把周围的冰块、积雪、树枝
děng jiǎo de sì xià luàn fēi hǎo sì zhà dàn bào zhà le yí yàng hú li
等搅得四下乱飞，好似炸弹爆炸了一样。糊里
hú tu de xióng hái yǐ wéi shì liè rén dǎ guò lái le ne sā kāi jiǎo yā
糊涂的熊还以为是猎人打过来了呢，撒开脚丫
zi méi mìng de táo xiàng shù lín shēn chù
子没命地逃向树林深处。

láng gāng gāng bèi shuāi de qī hūn bā sù de yì zhēng yǎn yòu kàn jiàn
狼刚刚被摔得七荤八素的，一睁眼又看见
zhè me yí gè gāo dà xiōng měng de jiā huo zài sì chù pū teng zǎo bǎ mǔ
这么一个高大凶猛的家伙在四处扑腾，早把母

鹿丢到了九霄云外，只剩下逃命的份儿了。

母鹿呢，早已安全脱身，跑得无影无踪了。

来自高加索山区的通报

在我们这里，冬夏并不分明，可以说是冬天里有夏天，夏天里有冬天。这里耸立着一座座巨峰，像卡兹别克山和厄尔布尔士山那样，直插云霄。山顶常年覆盖着厚厚的冰雪，即使是夏季里炽热的太阳，也无法融化它们。而在山下的谷底和海滨，因为有连绵的群山做坚实的屏障，大冬天依旧温暖湿润，百花怒放。

冬天，生活在山顶的羚羊、野山羊以及野绵羊，只需迁徙到山腰就可以了。山上大雪纷飞，山腰却是细雨绵绵。

果园里，我们把刚刚采摘下的新鲜诱人的橘子、橙子和柠檬，上交给国家。

花园里，盛开着玫瑰花，勤劳的小蜜蜂在飞来飞去。向阳的山坡上，头一批春花已经开放了，有白瓣绿蕊的野花，还有黄色的蒲公英。

我们这里，母鸡终年产蛋，鲜花四季盛开。

冬天，小动物们缺吃少喝的时候，不用费力地长途跋涉，仅仅从山顶下到山腰或是山谷，就可以找到充足的食物了。

每年的这个时节，成批的客人从严寒的北方飞来这里度假，比如苍头燕雀、椋鸟、百灵、野鸭，还有长嘴巴的勾嘴鹞。我们高加索收留了多少逃避北方饥寒的难民，并让它们享受了温饱啊！

YUE DU YAN SHEN

动物们都在雪地上“签名”了，聪明的你能判断出它们是谁吗？小狐狸还不成熟，没认清是谁的“签名”就跑去追赶，结果出了糗；我们的通讯员多么聪明，仅凭地上的“签名”就还原了一场激烈的“母鹿逃命记”。

Chapter 11 | 第十一章

忍饥挨饿月(冬季第二月)

章节导读

民间说:一月是冬天走向春天的转折点,是新一年的开始,标志着冬天已过去了一半。一月里的天气更加寒冷,一月里的阳光更加灿烂。在一月,白昼如同兔子的跳跃,猛然变长了。

☆☆☆

一个接一个

乌鸦第一个发现了一具马尸。“哇——哇——”一批乌鸦飞了过来,准备享用这顿美餐。此刻已是傍晚时分,天慢慢地暗了下来,月亮露出脸来。忽然,林子里传来一阵叫人毛骨悚然的叫声:“呜——呜——呜!”

乌鸦吓得飞走了。原来是一只小鹰,直冲着马尸飞了过来。它的嘴巴撕扯着马肉,头上的羽毛直直地竖起,两只眼睛射出凶狠的白光,正准备享用美餐,却听见雪地上传来一阵危险的脚步声。

小鹰飞上了树枝。一只狐狸朝马尸走了过来。狐狸“咔嚓——咔嚓”，大口吃起来。还没等它吃饱，一只狼过来了。

狼扑向了马尸，狐狸逃进了灌木丛。这狼浑身的毛都竖了起来，刀子一样的牙齿，大口撕拉着马肉，心满意足地发出“呼噜呼噜”声，对周围的一切充耳不闻。吃了一会儿，抬起脑袋望望四周，牙齿嗑得“咯吱咯吱”响，好像在说：“谁也别过来！”然后低下头，继续大吃。

忽然，从它上方传来一声低沉的吼叫，狼一听，差点吓趴下，立马夹着尾巴，急匆匆地逃走了。原来，是森林之王——熊，它摇摇晃晃地过来了。它这一来，谁都休想再靠近了。等到熊饱餐一顿，回去睡觉了，这一夜也即将过去。而狼，却一直夹着尾巴，在附近等候着呢。

熊一走，狼马上过来了。狼吃饱了，狐狸来了。狐狸吃饱了，小鹰飞来了。小鹰吃饱飞走了，乌鸦又飞回来了。

就这样，弱者排在强者后面，直到天亮，这顿免费盛宴才算正式结束，只残留着一些骨头。

不请自来的山雀

在这食物严重短缺的日子里，各种飞禽走兽都大胆地向人类居住的地方靠近。这里还能找到吃的东西，它们可以靠垃圾填饱肚皮。饥饿的力量，足以战胜恐惧。原本小心谨慎的森林居民，这时变得胆大起来。

黑琴鸡和灰山鹑偷偷地飞进了打谷场和粮仓，灰兔频频地跑到菜园里，银鼠和伶鼬居然钻进地下室去捕捉老鼠，而雪兔则跑到村边的干草垛里大吃大嚼。

我们《森林报》通讯员居住的小木屋，有一次飞进来一只可爱的山雀。它长着一身金黄色的羽毛，脸颊的茸毛雪白，胸脯上有黑色的条纹。它旁若无人地飞到餐桌上，轻盈地啄起上面的剩饭粒儿。我们的通讯员把屋门一关，留住了这个小家伙。

它在小木屋里住了一个星期，没有人惊扰它，也没有人给它喂食，但它居然一天天变胖了。它从早到晚，寻遍屋子的角角落落，到处找食吃。它吃蟋蟀，吃躲在木板缝隙里的苍蝇，吃掉落的食物碎末。晚上就钻进壁炉后面的小洞里呼呼地睡大觉。只几天时

间，它就把苍蝇、蟑螂给吃完了，接下来就开始吃面包，连书籍、小盒子、软木塞等等，都没逃过它的嘴巴，被它啄坏了。

这时，我们的通讯员只好打开屋门，把这位食量惊人的不速之客赶走了。

战胜了森林法则的小鸟

这个时节，森林里的居民都在饱受严寒之苦。森林有自己的严酷法则：冬天，大家要集中精力对付严寒和饥饿，繁衍后代的事根本不用想。夏天的天气温暖而湿润，食物也充足，才是繁衍后代的最佳时期。可是，对于那些在冬季里能

吃饱喝足的居民来说，这条法则就失去了效力。

我们的通讯员在一棵高大结实的云杉树上，发现了一个鸟窝。搭建鸟窝的树枝上，堆满了雪，窝里却有几枚小小的鸟蛋。

第二天，通讯员们又回到那个地方考察。当时的天气真是冷得要命，大家的鼻子都被冻得通红。可是，往鸟窝里一看，窝里已经孵出了几只雏鸟。它们浑身光溜溜的，眼睛紧紧地闭着，在雪堆里慢慢蠕动着。怎么有这样的怪事呢？

其实这不是什么怪事：这是一对交嘴鸟的窝，里面是它们刚出壳的孩子。交嘴鸟在冬天既不怕冷，又不怕饿。树林里，一年四季都能见到成群的交嘴鸟。它们高兴地互相打着招呼，从一棵树上飞到另一棵树上，从一片树林飞到另一片树林。它们常年累月过着自由自在的生活，今天在这儿，明天就飞到别处去了。

春天里，所有的鸟都忙着找对象，和配偶一起选地方，建新家，繁衍后代。可是交嘴鸟却一点儿也不着急，还四处闲逛，哪儿都不长留。在一群群叽叽喳喳飞过的交嘴鸟里，每次都既有老鸟又有雏鸟。就好像它们的雏鸟，是在天空里一边飞翔一边孵出来的。

在我们列宁格勒，交嘴鸟又被叫作“鹦鹉”。因为它们穿着和鹦鹉一样颜色亮丽的服装，还会像鹦鹉那样，在细木棍上攀上攀下，转来转去。

雄性交嘴鸟的羽毛是深浅不一的红色，雌性交嘴鸟和雏鸟的则是绿色与黄色。

交嘴鸟的爪子灵活，善于抓取东西，嘴巴则很擅长叼取物品。它们最爱做的就是，头朝下，尾巴朝上，用爪子攀住上面的小树枝，嘴巴咬住下面的小树枝，就这样倒挂着。

令人惊讶的是，交嘴鸟死后，尸体很长时间都不腐烂。老交嘴鸟的尸体可以完好无损地保存二十多年，不掉一根羽毛，也没有臭气，就像木乃伊。

交嘴鸟的嘴巴也非常有趣，其他的鸟儿再

长不出这样独特的嘴巴来。它们的嘴巴，上下交叉，上边的向下弯曲，下边的向上翘起。交嘴鸟所有的本事，全依赖于这张独特的嘴巴，要解开它们身上所有的谜团，也要从这张嘴巴下手。

交嘴鸟刚出生的时候，和其他很多鸟类一样，嘴巴是直直的。等到它们长大了，就要自己啄开云杉树和松树上坚硬的球果，吃里面的果仁儿。此时，它们的嘴巴和坚果一次次碰撞之后，就慢慢弯曲，交叉起来，并且一直这样。这种嘴巴对交嘴鸟非常有利，像个小钳子似的，可以把果仁儿从球果里夹出来，方便省事儿！

如此一来，很多谜团就解开了。为什么交嘴鸟一辈子总在一片片森林里不停地飞来飞去呢？这是为了四处察看，找到球果结得最大，最好，最丰盛的地方。今年，我们这里的球果长得最棒，交嘴鸟就飞到我们这里。到了明年，别处的球果更丰盛，交嘴鸟就又飞到别处去了。

冬季里，交嘴鸟为什么还能在天寒地冻之中高声歌唱、繁衍后代呢？这是因为，冬天里到处都是球果，它们不愁吃喝，为什么不歌唱，为什么不繁衍后代呢？鸟窝暖和舒适，铺着软软的绒毛、羽毛和动物皮毛。交嘴鸟妈妈产下第一个蛋后，就不再外出活动了，由交嘴鸟爸爸负责觅食。妈妈卧在蛋上面，用自己的身体温暖它们。等到孩子们出生之后，妈妈就需要精心地照顾它们，先把坚硬的松子和云杉子吞进嗉囊里，变软和之后，再吐出来喂给孩子们吃。森林里一年四季都有球果，它们尽可以放心。

如果一对交嘴鸟彼此情投意合，想要建立自己的小家庭，它们就会离开鸟群，寻找合适的地方安家落户，养儿育女。不管春夏秋冬，它们想什么时候离开就什么时候离开。一年四季都能找到交嘴鸟的窝。它们搭建好窝后就住进去，一直到幼鸟长大，一家子就又飞回鸟群里。

为什么交嘴鸟死后就成了木乃伊呢？就是因为它们吃球果的原因。它们吃的松子和云杉子里面，含有丰富的松脂。一辈子都吃这种东西的话，全身都被松脂浸透，好像皮靴被柏油浸透过那样。交嘴鸟死后身体长久不腐烂，正是松脂发挥的作用。而埃及人正是利用松脂的这一神奇的效果，把死人制作成木乃伊的。

狗熊寻窝记

深秋时候，狗熊在一个小山坡上相中了一块安家的好地方。那里长满了密密麻麻的云杉树。它用爪子撕下一条条长长的云杉树皮，搬到山上的一个土坑里，再在上面铺上柔软的苔藓。它又啃倒了土坑周围的一些云杉树苗，把这些小树密密实实地搭在土坑的上面，作为房子的屋顶。然后钻进去，“呼哧呼哧”地睡起了大觉。

可是还不到一个月，这个家就被猎狗给发现了。狗熊费了九牛二虎之力才从猎人手下逃脱。它就直接睡在雪窝里，这样虽然没有掩盖，却也没有障碍。可是，猎人很快又发现了，这一次更是惊险逃脱。它只好进行第三次隐蔽。这一次，它的藏身之处真是绝妙极了，再聪明的人，也休想猜得出它究竟躲在哪里。

到来年春天，才真相大白：它爬到了一个

"空中楼阁"里酣眠了一个冬天。这个空中楼阁在一棵大树上。大树的一根树干，不知什么时候被大风吹折了，竟然倒着长了起来，形成了一个凹。夏季里，一只老鹰用干枯的树枝和软草搭建了一个窝，生养完雏鸟之后，又离开了。冬季，这只在自己家里频受惊扰的狗熊，竟然幸运地找到了这个地方，爬进去安安稳稳地过了一冬。

你知道动物界的"食物链"吗？你知道交嘴鸟的嘴巴为什么长成这样吗？为什么它在冬天还能养崽呢？你肯定没想到山雀饿得连书本、盒子都吃吧，更没想到狗熊的冬眠竟然这么不省心……认识它们，了解它们，并关心它们，这是我们的责任！

Chapter 12 | 第十二章

残冬煎熬月(冬季第三月)

※※※ 章节导读 ※※※

二月,是寒冬的最后一个月了。二月里,狂风暴雪依旧肆虐。大风,从雪地上奔驰而过,却不见足迹。这个月是冬季的末尾,也是最难熬的一个月。这个月,所有的野兽已弹尽粮绝。

☆☆☆

滑溜溜的冰壳

温暖的天气里,地上的积雪又湿润又蓬松。傍晚时分,灰山鹑飞落在雪地上,它们轻轻松松地在雪堆里给自己刨了个洞,雪洞里温暖舒适,它们钻进去睡着了。深夜里,寒气突然降临。第二天一大早,山鹑醒来了。

自己的小窝倒还是很暖和，可是怎么感觉有点喘不过气来呢？必须钻出去，呼吸呼吸新鲜空气，舒展舒展翅膀，赶紧找东西吃。它们想飞出去，可是，脑袋却撞到了一块冰，坚硬的玻璃似的冰。

整个大地变成了一个滑溜溜的溜冰场。上面光滑干净，下面还是蓬松的积雪。灰山鹑伸出脑袋往冰壳上撞，即使头破血流也坚持不懈——要想活命，就必须冲破这个坚硬的冰壳子啊！

待在冰壳下面，只有死路一条，逃离冰牢的话，即使挨饥受冻，也还是有生存的一线生机呢！

冰洞里冒出来的头

在涅瓦河口芬兰湾的冰层上，有一个打鱼人走过。当他经过一个冰洞的时候，看见从冰面下冒出一个圆圆的脑袋，光溜溜的，还长着几根稀稀疏疏的硬胡子。他以为，这是淹死在冰河里的人脑袋，现在浮出来了。可是，这个脑袋突然间朝他转了过来，打鱼人这才看清楚，这是一只长着胡子的水生动物的脸，脸上光滑紧绷，长满了亮闪闪的短毛，一双乌黑闪亮的眼睛，好奇地盯了打鱼人片刻。然后，“刺啦”一声，脑袋又钻回了水面下。打鱼人这才回过神来，原来自己看见的是一只海豹。海豹在冰层下捉鱼，偶尔把脑袋探出冰洞，呼吸一下新鲜空气。

冬季里，打鱼人经常在芬兰湾捕猎到海豹，当它们从冰窟窿里钻出来透气或者爬到冰面上活动的时候，很容易就被捕捉了去。

冬泳的水鸟

在波罗的海铁路上的迎特钦站附近，有一条结冰的小河。我们的森林通讯员，在那里的一个冰窟窿旁边，发现了一只肚皮漆黑的小鸟。

那天早上，天气冷得能把鼻子冻掉。尽管明晃晃的太阳挂在天上，可我们的森林通讯

yuán hái shì bù shí de zhuā qǐ yì bǎ xuě wǎng dòng de fā bái de bí zi
员还是不时地抓起一把雪，往冻得发白的鼻子
shang róu cuō
上揉搓。

zhè dà lěng de tiān li xiǎo niǎo jū rán cǎi zài bīng miàn shang hái
这大冷的天里，小鸟居然踩在冰面上，还
xìng zhì àng rán de chàng qǐ gē er lái zhè ràng tōng xùn yuán gǎn dào jīng chà
兴致盎然地唱起歌儿来，这让通讯员感到惊诧
bù yǐ tā màn man de zǒu guò qù xì kàn shí xiǎo niǎo tiào le jǐ bù
不已。他慢慢地走过去细看时，小鸟跳了几步，
yí gè měng zǐ jiù zuān jìn le bīng dòng li
一个猛子就钻进了冰洞里。

bù hǎo zhǔn huì bèi yān sǐ de tōng xùn yuán xiǎng zhe biàn
“不好，准会被淹死的！”通讯员想着，便
jí cōng cōng de bēn dào bīng kū long biān xiǎng jiù qǐ zhè zhī tóu nǎo fā rè
急匆匆地奔到冰窟窿边，想救起这只头脑发热
de xiǎo niǎo nǎ lǐ xiǎo de xiǎo niǎo jū rán zhèng zài bīng lěng de hé shuǐ
的小鸟。哪里晓得，小鸟居然正在冰冷的河水
li yóu yǒng ne chì bǎng jiù xiàng rén de shǒu bì nà yàng bō dòng zhe hé shuǐ
里游泳呢！翅膀就像人的手臂那样拨动着河水。
wū hēi de jǐ bèi zài qīng chè de shuǐ li shǎn shǎn fā liàng hǎo sì yì tiáo
乌黑的脊背在清澈的水里闪闪发亮，好似一条
yín sè de xiǎo yú xiǎo niǎo hū lā yí xià zhā dào shuǐ dǐ yòng
银色的小鱼。小鸟“呼啦”一下扎到水底，用
yǒu lì de zhuǎ zi zhuā láo shā shí zài hé dǐ pǎo le
有力的爪子抓牢沙石，在河底跑了
qǐ lái pǎo dào yí gè dì fang tā
起来。跑到一个地方，它
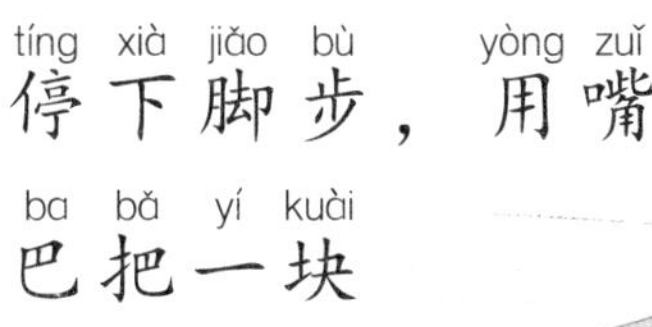
tíng xià jiǎo bù yòng zuǐ
停下脚步，用嘴
ba bǎ yí kuài
巴把一块

小石子翻过去，从下面拽出一只水甲虫。只过了一分钟，它便从另一个冰窟窿钻了出来，跳回冰面上，抖擞抖擞羽毛，又欢快地歌唱起来。

我们的森林通讯员把手伸进冰洞里试试看，心下猜测道："莫非这附近有温泉，小河里的水是热乎乎的？"但他立刻就把手收了回来，水依旧是冰冷刺骨的。这时，他才恍然大悟，面前的这只小鸟，就是被叫作河乌的水鸟。

这种鸟儿的羽毛上浸透着一层薄薄的油脂，钻入水中的时候，带着油脂的翅膀上，会鼓起很多小小的水泡，银光闪闪的，好似穿了一件厚厚的，充气的潜水衣。如此一来，即使是在冰水里，它也不会感觉到寒冷。

生机盎然的雪下世界

森林通讯员在森林空地和田野上的厚厚积雪里，挖了一些很深的雪坑，一直挖到露出地面。

我们看到的地面情景，让我们着实大吃了

一惊。原来那里有一簇簇绿色的小叶子，还有尖尖的嫩芽从枯草根边破土而出，各种草茎尽管已被沉重的积雪压倒在地面上，但它们依旧保持着绿色。它们都还活着！想想看——都还活着！原来，在看似死气沉沉的雪海下，各种各样的植物都透出绿油油的生机，有草莓、蒲公英、三叶草、触须菊、酸模和其他各色植物。在青翠欲滴的繁缕上面，居然还长着几个小小的花骨朵。

在挖开的雪坑坑壁上，还露出一些圆圆的小洞。这是小型动物挖掘的雪底走廊被铁锹切断后的样子。这些小动物巧妙地通过这些通道，寻找食物。田鼠和老鼠以雪底下埋藏的植物根为食，这些细根美味又营

养。土拨鼠、伶鼬和银鼠等食肉动物，则捕捉这些食草型鼠类和躲在雪堆里过夜的飞禽。

过去，人们以为，只有熊才在寒冷的冬天繁衍后代。人们常说，幸福的孩子“从娘肚子里带来衣裳”。小熊一出生就穿着暖和的衣服，而且是珍贵的皮袄子哦！

现在，有些老鼠和田鼠，一到初冬就从夏季居住的地下巢穴里，搬到地面上的广阔天地里，在雪底下低矮的灌木丛或密密的树枝上搭建新家。叫人惊讶的是，它们在寒冬里也产仔。刚出生的小鼠，只有一丁点儿大，浑身光溜溜的一丝不挂，不过窝里非常舒适，温暖。

YUE DU YAN SHEN

雪下过夜的山鹑一觉醒来竟然被冰封了；一个长胡子的光溜溜的脑袋从冰洞里伸出来呼吸空气；稀罕的河乌会在水里游泳、奔走、捉虫吃；雪下竟然还有一个生机盎然的世界……多么有趣的大自然！